U0160736

穿 行 诗 与 思 的 边 界

Time's Arrow, Time's Cycle

Myth and Metaphor in the Discovery of Geological Time

时间之箭，时间之环

地质时间发现中的神话和隐喻

[美] 斯蒂芬·杰·古尔德（Stephen Jay Gould） 著

刘年凯 译

中信出版集团 | 北京

图书在版编目（CIP）数据

时间之箭，时间之环：地质时间发现中的神话和隐
喻 /（美）斯蒂芬·杰·古尔德著；刘年凯译 . -- 北京：
中信出版社，2024.3
ISBN 978-7-5217-6294-5

I. ①时… II. ①斯… ②刘… III. ①地质学－关系
－神话－研究 IV. ① P5 ② B932

中国国家版本馆 CIP 数据核字（2024）第 006522 号

时间之箭，时间之环：地质时间发现中的神话和隐喻

著者： 　[美]斯蒂芬·杰·古尔德
译者： 　刘年凯
出版发行：中信出版集团股份有限公司
　　　　　（北京市朝阳区东三环北路 27 号嘉铭中心　邮编　100020）
承印者： 　嘉业印刷（天津）有限公司

开本：880mm×1230mm　1/32　　印张：8　　　　字数：159 千字
版次：2024 年 3 月第 1 版　　　　印次：2024 年 3 月第 1 次印刷
京权图字：01-2024-0273　　　　　书号：ISBN 978-7-5217-6294-5
定价：68.00 元

献给

理查德·威尔逊医学博士

（Richard Wilson, M.D.）

凯伦·安特曼医学博士

（Karen Antman, M.D.）

没他们就不成（*Sine quibus non*）

在最直截了当的字面意义上

目 录

前　言

这本书源于推动了地质学中深时发现的历史之箭（arrows of history）和内在循环（cycles of immanence）隐喻之间的冲突和互动。如果我成功地表达了我思想的预定顺序，这本书可能会让读者觉得它是以理性方式形成的某种统一，换句话说，它是反映在时间之环（time's cycle）[1]隐喻中的内在结构的产物。但这样一种观点，虽然反映了（我希望）建构的逻辑，却会严重歪曲起源的心理，因为这本书是由时间之箭（time's arrow）的点点滴滴，即我自己偶然的历史中那些古怪而不可预测的时刻拼凑而成的。在当时看来似乎毫无意义的微小事件，却是最终

---

[1] 也可译作"时间循环"。在中文字面意义上，"循环"似乎可理解为单个"环"的复数。北京大学刘华杰教授在为外语教学与研究出版社 2021 年版古尔德《彼岸：博物学家古尔德生命观念文集的末卷》写的序言中，提及本书并把书名译作"时间之矢和时间循环"。在本书中，cycle 在不同章节的意义也有区别，如在第二章关于伯内特《地球的神圣理论》的论述中，cycle 可理解为单独一个环，而在第三章和第四章中，cycle 其实指多次循环。为保持行文统一，本书将 time's cycle 统一译作"时间之环"。——译者注

构造中的马掌钉。我无法开始详细说明所有这些"只是历史"
（just history）的事件。在我5岁时，父亲带我去看了一只霸王龙
的化石。伟大的绅士、藏书家乔治·怀特（George White）给了
我一本17世纪版伯内特《地球的神圣理论》以代替演讲的酬
金。约翰·朗斯伯里（John Lounsbury）在安蒂奥克学院（Antioch
College）的地质学入门课程中举了一个例子，将不同含义混为
一谈以阐述均变论（uniformitarianism）。我知道这有问题，但
不明白是什么问题，直到我学习了大卫·休谟的归纳法。在利
兹大学的春季野外课程中（本科期间在国外的学年），我参观了
位于北爱尔兰的波特拉什岩床（Portrush Sill），看到了在岩石上
刻画的水成论（neptunism）和火成论（plutonism）的二分法。在
巴黎一家博物馆里，站在撒丁岛的暹罗连体女孩丽塔-克里斯蒂
娜的骨架前，我感到既恐惧又着迷。在美国国家美术馆展出的
詹姆斯·汉普顿为基督第二次降临而设计的金碧辉煌的宝座上，
我看到了伯内特的卷首插图。我听了自封为沙特尔圣人（sage
of Chartres）的马尔科姆·米勒（Malcolm Miller）从玻璃和雕像
中解读的中世纪隐喻。我以为自己在那座最伟大的教堂的南耳
堂里发现了牛顿关于"巨人的肩膀"那句话的出处，而R. K.
默顿（R. K. Merton）向我展示了我是一个多么虚荣的傻瓜。

　　我对那些努力理解地质学史的同事怀有更深刻、更直接的
感激。这本书是我对三部伟大著作的逻辑分析，但它实际上是
一个集体事业。我感到尴尬的是，我现在无法厘清和正确地归
类在这里锻造的碎片。我离这个话题太近了。20年来，我一直

在教授时间的发现，并且一遍又一遍地阅读这三部著作。（因为我认为，这种重复是衡量智识生活的最好标尺——当新的见解停止时，就转移到其他事情上。）我只是不记得哪些作品来自我自己对伯内特、赫顿和莱尔的解读，哪些来自霍伊卡、拉德威克、波特或其他许多启发我的思想家，仿佛外生（exogeny）和内生（endogeny）在任何情况下都可以形成不同的类别！

从最直接的意义上说，我非常感谢耶路撒冷希伯来大学的唐·帕廷金（Don Patinkin），以及我在访问期间的导游和朋友埃坦·切尔诺夫（Eitan Chernov）、丹尼·科恩（Danny Cohen）和拉菲·福尔克（Rafi Falk）。这本书是 1985 年 4 月在希伯来大学发表的哈佛-耶路撒冷讲座第一系列一个精心制作和加工的版本。哈佛大学出版社主任阿瑟·罗森塔尔（Arthur Rosenthal）构思了这个系列，并使其开花结果，我向他这位"教父"表示最深切的感谢。我只能希望，我已为这个系列确立了一个有价值的开端，随着时间的进步之箭，这个开端将很快被取代（同时我希望在时间的记忆之环中留下一些记忆）。

至于耶路撒冷这个真正永恒的城市，我只能说，我终于明白了《诗篇》第 137 篇："我若不记念你，若不看耶路撒冷过于我所最喜乐的，情愿我的舌头贴于上膛！"这是一个以讲授为生的人的颂辞。

第一章

深时的发现

我们可以理解时间，它只比我们早五天。

———

托马斯·布朗爵士（Sir Thomas Browne）
《医生的宗教》（*Religio Medici*, 1642）

一个主导观念呈现于我们所有的研究中，

并且伴随着每一次新的观察，

一个声音在自然研究者的耳中持续地

回响，从其作品的每个部分，那就是——

时间！时间！时间！

———

乔治·P. 斯克罗普（George P. Scrope，英国著名地质学家，1827；
这句话在现代教科书题词中被过度使用，几乎成了陈词滥调）

深　时

西格蒙德·弗洛伊德指出，每一门重大科学都为人类思想的重建做出了显著贡献，而每一次痛苦的进步都打破了人类在宇宙中至高无上的原初希望的某一方面。

在时间的长河里，人类不得不承受科学对其天真自负的两次重击。第一次是人类意识到地球并不是宇宙的中心，而只是尺度难以想象的浩瀚宇宙中的一粒尘埃。第二次是生物学褫夺了人是被特别创造的这一殊荣，而贬之为动物世界的普通一员。（作为历史上最不谦虚的声明之一，弗洛伊德随后表示，他自己的工作推翻了这种令人不悦的退却的下一个或许是最后一个基座，即虽然人类从低等猿类进化而来但我们至少拥有理性头脑这种自我慰藉。）

然而，弗洛伊德的列表忽略了最伟大的一步，即人类统治的空间限制（伽利略革命）和我们与所有"更低级"生物的物理联系（达尔文革命）之间的桥梁。他忽略了地质学对人类重要性施加的巨大时间限制，即"深时"（deep time）的发现——约翰·麦克菲（John McPhee）非常恰当地用"深时"一词表达了地质尺度的时间。如果按照传统观念，年轻的地球在诞生后数天便被人类统治，人类必将备感欣慰，其统治也再合适不过。相反，如果人类的存在仅限于难以想象的浩瀚尺度的最后一毫微秒，那么这将是多大的威胁！马克·吐温注意到在如此短暂的存在中寻求慰藉的困难：

人类在地球上生活了 32 000 年，而在此之前，地球已经存在了上亿年，因此地球这上亿年就是在为人类的出现做准备。我猜是这样的，我不知道。如果埃菲尔铁塔的高度代表地球的年龄，那塔尖旋钮上漆皮的厚度就是人类历史的长度，任何人都会怀疑那层漆皮是建造这座塔的目的。我猜他们会的，我不知道。

查尔斯·莱尔（Charles Lyell）在描述詹姆斯·赫顿（James Hutton）"既没有开始的痕迹，也没有结束的前景"的世界时，用更忧郁的语气表达了同样的主题。因此，这个表述将地质学深时的两位传统英雄联系起来，也表达了时间新的深度与牛顿宇宙的空间广度之间的隐喻联系：

> 这种关于漫长的过去时期的见解，如同牛顿哲学打开的空间一样，实在过于渺茫，很难唤醒崇高的观念而不夹杂一种痛苦的感觉，对于我们还无力想象一个如此无限规模的计划。在许多世界之外还有许多世界，彼此之间的距离遥不可测，而在所有这些世界之外，在可见宇宙的范围内，还可以隐约地看到无数其他世界。（Lyell, 1830, p.63）[1]

深时如此难以理解，超出我们的日常经验，仍是我们理解

---

[1] 在所有引文中，我都遵循了现代美国的拼写和标点习惯。

世界的一大障碍。即便某些理论只是描述了普通事件在浩瀚时间尺度上的积累效应以替代之前错误的推断，也会被认为是创新性的。奈尔斯·埃尔德雷奇（Niles Eldredge）和我提出的点断平衡理论（theory of punctuated equilibrium）并不像经常被误解的那样，激进地主张演化是突然发生的，而是认为普通物种的形成过程若按我们的寿命标准来看应理解为非常缓慢，它不是转化为地质时间里一连串渐次细分层级的中间体序列（传统的或渐进的观点），而是在单个层理平面中地质上的突然出现。

对深时的抽象理解不难，我知道在 10 后面加多少个 0 来表示 1 000 000 000，但真正理解和感受这种尺度却完全是另一回事。深时对我们来说太过陌生，我们真的只能用隐喻来帮助自己理解。我们在教学中也都是这样做的。如果用一英里来代表深时，那人类历史就只有最后几英寸；或者我们用一年来代表宇宙年龄，那智人出现在《友谊地久天长》唱响前的片刻。一位瑞典记者告诉我，她设想在寒武纪时期把她的宠物蜗牛放在南极点，让它缓慢地向马尔默（瑞典城市）前进，从而把时间形象地表现为地理。约翰·麦克菲在其所著《盆地和山脉》（*Basin and Range*, 1980）中做了最形象的比喻：把地球历史看作老式英码的一码，差不多就是国王伸出手时鼻尖到指尖的距离，那么用指甲锉在指尖一抹，就抹去了人类历史。

那么，学习地球科学的学生如何完成从数千年到数十亿年的基本跨越呢？在我们寻求了解地质思想史的过程中，没有比这更重要的问题了。

深时的神话

狭隘的分类法是对智识生活的诅咒。学者接受深时并将其作为共识，经历了从 17 世纪中叶到 19 世纪初的漫长过程。正如保罗·罗西（Paolo Rossi, 1984, p.ix）所言："胡克时代的人有 6 000 年的过去，而康德时代的人意识到了数百万年的过去。"在这关键的几十年里，地质学并没有作为一门独立的和公认的学科存在，因此我们不能将思想史上这一重大事件归因于一小群地球科学家的岩石研究。事实上，罗西用有力的证据表明，除了地质学家的贡献，深时的发现也结合了当时的神学家、考古学家、历史学家和语言学家的洞见。在那个博学多才的时代，一些学者在所有这些领域都有建树。

我将自己的讨论限制在被后世专业地质学家视为前辈的几位学者，是有意识地在我试图推翻（或扩大）的框架内进行的。换句话说，我将处理地质学家所接受的发现深时的标准故事。专业的历史学家早就认识到这种自利神话（self-serving mythology）的虚假和做作，在这方面我不要求原创性，但他们的观点并没有渗透到一线科学家或学生身上。

我的狭隘性甚至延伸到地域和学科，因为我只选择了英国地质学舞台上的三个主要人物——一个主要反派和两个标准英雄来深入讨论。

他们的时间顺序也代表了关于时间发现的标准神话。带有神学教条主义色彩的反派托马斯·伯内特（Thomas Burnet）在

17 世纪 80 年代撰写了他的《地球的神圣理论》（*Telluris theoria sacra* / *Sacred Theory of the Earth*, 1691）。第一个英雄詹姆斯·赫顿在一个世纪后的 18 世纪 80 年代编写了他最初版本的《地球理论》（*Theory of the Earth*, 1788）。查尔斯·莱尔，作为第二位英雄和现代性的编码者，仅仅在 50 年后，也即 19 世纪 30 年代，就撰写了他的开创性著作《地质学原理》（*Principles of Geology*, 1830—1833）。（毕竟，科学确实会加速进步，正如这次接近真理所花的时间相比上次缩短了一半。）

标准神话被历史学家贴上了他们最嗤之以鼻的标签——"辉格式"（whiggish），即将历史视为一个进步的故事。它使我们能够根据历史人物在启蒙方面的作用来评价他们，但这些评价完全基于后人的观点。赫伯特·巴特菲尔德（Herbert Butterfield）在其《历史的辉格解释》（*Whig Interpretation of History*, 1931）一书中谴责英国历史学家与辉格党结盟，将他们国家的历史写成其政治理想逐步实现的做法：

> 真正有罪过的，是那种在历史编纂中让人无法辨识其偏见的历史写作。……这种方式把事件从情境中抽离出来，并且含蓄地与今日做对比，然后妄称因此就可以让"事实"本身"说话"。这种方式实际上假设，这样的历史……能给我们提供价值判断；也就是假设，仅仅通过时间的流逝，就可以证明某个理想或某个人是错误的。（Butterfield, 1931, pp.105-106）

　　辉格式历史对科学有特别执着的坚持，原因很明显：它与主要的科学传奇相吻合。这个神话认为，科学在其探索和记录自然事实方面的初步研究与所有其他智力活动有着根本不同。这些事实，当收集和提炼到足够数量时，会在一种有力的归纳主义的引导下形成统一和解释自然世界的宏大理论。因此，科学是进步的终极故事，而进步的动力是实证发现。

　　我们的地质教科书以这种辉格模式讲述深时的发现，它被视为最终摆脱迷信束缚的卓越观察的胜利。（随后的每一章都包含一节对这种"教科书纸板"[1]的讨论。）过去糟糕的时代，在人们从扶手椅上站起来去野外观察岩石之前，"摩西五经"中的大事年表限制了我们对地球历史的任何了解。伯内特代表了这种反科学的非理性主义，他对我们行星历史名义上的描述中不恰当地包含了"神圣"一词，就很好地说明了这一点。（他也因将《创世记》的"日"寓言式地解释为可能很长的时间而陷入了相当大的麻烦，但这不重要。）因此，伯内特代表了教会和学会对观察科学之新方法的强烈反对。

　　赫顿打破了《圣经》的这些限制，因为他愿意野外观察而不是接受先入为主的观念——与地球对话，它会告诉你真相。赫顿的两个关键观察结果推动了深时的发现：首先，他认识到

1　原文为 textbook cardboard，直译作"教科书纸板"。cardboard 一词既有"纸板"，也有"肤浅的、不真实的、造作的"之意，作者用该词说明教科书中存在不真实的叙述。本书统一按照 cardboard 的原意即"纸板"翻译。——译者注

花岗岩是一种火成岩，代表了一种恢复性隆升的力量（因此地球可以无休止地循环，而不是逐渐被侵蚀成废墟）；其次，他正确地把不整合（unconformity）解释为隆升和侵蚀循环之间的分界（为周期性更新提供直接证据，而不是短暂和单线的衰老）。

　　但当时的世界还没有准备好接受赫顿的观点（而且他的文笔太糟糕，无法说服任何人）。因此，深时的编码还要等到查尔斯·莱尔的伟大教科书《地质学原理》。莱尔以他关于当前地质过程速率和模式的权威汇编获得了胜利：他证明了普通原因的缓慢、稳定运行，经过足够长的时间就能产生所有的地质事件（从大峡谷到大灭绝）。地质学学生现在可以拒绝用《圣经》年表来理解世界了。在这个版本中，深时的发现成为历史上观察和客观性战胜成见和非理性的最大胜利之一。

　　就像英雄史观中的许多故事一样，这种对深时的描述在灵感方面是贴切的，但在准确性方面却严重不足。诺伍德·汉森（Norwood Hanson）、托马斯·库恩（Thomas Kuhn），以及许多其他历史学家和哲学家开始整理事实与理论、科学与社会之间错综复杂的关系。25年后，这种从观察到理论的简单、单向流动的基本理论彻底破产。相比其他智识活动，科学可能在其对自然物的构造和运作的关注方面有所不同。但科学家并不是推导机器，只会基于自然现象中观察到的规律推测其原因（假设这种推理方式原则上可能取得成功，但我对此表示怀疑）。科学家也是沉浸在文化中的人，挣扎于头脑中所有奇怪的推理工具，从隐喻、类比到富有成效而天马行空的想象，查尔斯·皮尔士

（Charles Peirce）称科学家被这些工具"绑架"了。主流文化并不总是辉格式历史所认定的敌人，比如，神学对时间的限制使早期地质学家化身贩卖奇迹的灾难论者。文化可以增强也可以限制科学，就像达尔文将亚当·斯密的自由放任经济模型引入生物学，从而成为自然选择理论一样。（Schweber, 1977）无论如何，客观思想不存在于文化之外，因此我们必须充分利用我们无可逃避的文化背景。

作为一线科学家，重要的是我们需要与这些关于我们专业的神话做斗争，拒绝将其视为某种优越而与众不同的东西。神话可能作为游说策略的理由，在短期内服务于我们——给钱就好，其他的别管，我们知道自己在做什么，你搞不明白。但从长远来看，自我区隔为守护科学方法的神圣仪式的牧师，只会伤害科学。所有思考者都可以走近科学，因为它只是将通用的智识工具应用于特定的材料。无须赘言，在这个生物技术、计算机和炸弹的世界中，对科学的理解变得越来越重要。

纸板神话将科学视为纯粹的观察和应用逻辑，脱离了人类创造力和社会背景的现实。除了以积极的方式揭穿剩余的纸板科学神话，我没有更好的方法来说明这种创造性思想的普适性。围绕深时发现的地质学神话，可能是残余传说中最为持久的。

这本书考虑从神话被定义的边界内部瓦解它。我详细分析了三位主要人物（一个反派和两个英雄）的主要文本，试图找到一把钥匙，可以解锁这些人的根本构想（visions），它们在将它们描绘成观察中的进步敌人或化身这一传统里早已丢失。我在二分法的隐喻中找到了这把钥匙，这些隐喻表达了对时间本质的相互矛盾的见解。伯内特、赫顿和莱尔都在与这些古老的隐喻做斗争，尽力应对并相互比较，直到他们对时间和变化的本质形成了独特的见解。正如任何对岩石和露头（outcrops）的观察一样，这些构想必然推动了深时的发现。内部和外部资源，即以隐喻为依据的理论和受理论约束的观察，二者的相互作用标志着科学的任何一次重大运动。我们认识到几个世纪争论背后的隐喻时，就能更好地理解深时的发现，它是所有曾与方向性和内在性等基本谜题斗争过的人们的共同遗产。

关于二分法

对于一个错综繁复的问题，任何深入其中的学者都会告诉你，它的丰富性不能被抽象为二分法，即两种对立解释之间的冲突。然而，出于我无法理解的原因，人类思维都倾向于使用二分法，至少在我们的文化中是这样，而且可能更加普遍，这一点已被非西方体系的结构主义分析证明。第欧根尼·拉尔修的著名格言就印证了这一传统："普罗泰戈拉断言，每个问题都有两面，彼此完全相反。"

我过去常常抨击这些简单化的做法，但现在觉得推行多元化的策略可能更有成效。我不再试图说服人们放弃他们熟悉且惯用的二分法。相反，也许我们可以通过寻找其他比传统划

分更恰当，或者只是不同于传统二分法的方式来扩展论辩框
架。虽然所有的二分法都是简化，但如果沿着几个正交二分法
（orthogonal dichotomies）的不同轴线对冲突进行再现，可能就会
在一定幅度上出现适当的智识空间，从而无须迫使人们放弃其
惯用的工具。

问题不在于我们不得不采取一分为二的做法，而在于我们
对世界的复杂性进行了错误的或具有误导性的二分。一些二分
法的不足之处在于时代错置。例如，达尔文就是一个如此突显
的分水岭，以至于我们总是将其成就中的传统二分法——进化
与神创回溯到过去，并强行应用到其他重要主题的论辩中。这
样的例子不胜枚举，我已经在我的文章中列举若干，其中包括：
试图在希腊思想中寻找达尔文主义种子的猎獭前兆；在早于达
尔文主义的作品中寻找进化珍视，导致我们忽视（比如）一篇
既广大又精微的胚胎学论文，而只注意到其中关于变化的短短
几页［参见 Gould，1985，论牟培尔堆（Maupertuis）］；在结构
生物学中像具有伟大传统的创世论者一样做出错误的预测［从
若弗鲁瓦·圣伊莱尔（Geoffrey Saint-Hilaire）到理查德·欧文
（Richard Owen）］，因其变化理论否认了内在环境基础，所以对
于那些把演变本身等同于后来的演变机制的人来说，这似乎是
反进化论的（Gould，1986b，论理查德·欧文）。

其他具有误导性的二分法使科学陷入了辉格式的历史传统
之中，包括严重误导了地质学史及深时发现的二分：均变论／灾
变论，经验主义者／投机主义者，理性／启示，真／假。正如我

们将会看到的，莱尔为这些区分创设了很多说辞。我们不加批判地追随其后，却被引入歧途。

我不想争辩说其他二分法"更加真实"。二分法可以是有效的，也可以具有误导性，但却没有真假之分。它所简化的是组织思想的模型，而非世界的运行方式。但我相信，被人们忽视的关于时间性质的二分法具有特殊的价值，它可以解锁"深时"这部戏剧中三个关键角色的构想，其中原因我将在下一节加以概述。

所有伟大的理论都有扩展性，所有在范围和意义上都如此丰富的概念，都是由与事物本质相关的构想所支撑的。你可以称这些构想为"哲学"、"隐喻"或"组织原则"，但它们肯定不是从自然世界中观察到的事实简单归纳出来的。我将尽力说明，赫顿和莱尔这两位英国传统下的典型的深时探索者，受到过很多（或更多）这种时间构想的启发，正如受到这一领域有关岩石的高深知识的启发一般。事实上，他们的构想在逻辑、心理和思想的个体发展上都领先于他们寻求经验支持的尝试。我还会说明，辉格式历史中的托马斯·伯内特这位反面角色，曾经试图平衡二分法（赫顿和莱尔将其解读为一方的胜利）的两极。在许多方面，伯内特的解读更值得我们关注。换句话说，深时强加了一种植根于西方思想古老传统的实在观，正如它反映了对岩石、化石和地层的新认识。

这种至关重要的二分法体现了西方思想关于时间这一中心主题的最深刻、最古老的设定：线性观和循环观，或者说，时间之箭和时间之环。

时间之箭和时间之环

我们生活在时间的流逝中，一个以任何可能的判断标准来标记的矩阵：看似不变的内在事物，日子和季节的宇宙循环，罕见的战争和自然灾害事件，以及生命从出生、成长到衰老、死亡和腐朽的明显方向性。在这喧嚣的复杂性中，犹太－基督教的传统试图利用和平衡关于历史本质的基本二分法的两端来理解时间问题。我们一贯对这两端给予必要的关注，因为在我们理解历史的逻辑和心理中，这两个端点蕴含着一个不可避免的主题，即关于独特性和法则性的双重要求，其中独特性标志着时间的独一无二，而法则性为可理解性建立了基础。

在二分法的一端，即我所谓的时间之箭，历史是不可重复事件的不可逆序列。每一个瞬间都在时间序列中占据着自己独特的位置，所有的瞬间都按照适当的顺序讲述着一个由关联事件组成的故事，而故事在朝着一个方向发展。

在其另一端，即我所谓的时间之环，作为对偶然历史产生因果影响的不同篇章，事件没有意义。在时间的流逝中，基本状态是内在的，永远存在，且从不改变。视运动是重复循环的一部分，过去的不同将成为未来的现实。时间没有方向。

这不是我原创的东西，很多优秀的学者都经常提到这种对比。事实上，这种可以提供真正洞见的方式已成为智识生活中的陈词滥调。本书还将重点指出，犹太－基督教一直在努力解读构成矛盾两极的必要部分，并且时间之箭和时间之环都在《圣经》中得到了凸显。

时间之箭是《圣经》中历史的主要隐喻。上帝创造了地球，指示挪亚在一艘奇特的方舟里躲过了一场罕见的洪水，在一个独特的时刻向摩西传授诫命，并在一个特定的时间将上帝的儿子送到一个特别的地方，在十字架上为我们赴死，然后在第三天复活。许多学者认为时间之箭是犹太思想最重要和最独特的贡献，因为在此前后的其他体系大都倾心于时间之环的内在性，而非线性历史之链。

但《圣经》也暗含了时间之环的潜流。特别是在《传道书》（Ecclesiastes）中，它引用了太阳和水文周期的隐喻，来说明自然状态的内在性（"日光之下并无新事"）以及财富和权力的空虚，因为财富只会在循环往复的世界中消减——凡事都是虚空，传道者说。

> 一代过去，一代又来，地却永远存在。太阳升起，太阳落下，匆忙回到它上升之处。风向南刮，又往北转，循环周行，旋转不息。江河向海里流，海却不满溢；江河之水归回本源，循环流转。……已有的事必再有，作过的事必再作。……（《传道书》1:5-9）

虽然这两种观点在我们这个文化的重要文献中并存，但几乎可以肯定的是，对于当今大多数受过教育的西方人来说，他们所熟悉或认定为"标准"的是时间之箭的观点。这个隐喻主导着《圣经》，并且越发强大，自 17 世纪以来，在伴随着科技革命而来的进步思想中获得了特别的激励。最近，理查德·莫里斯（Richard Morris）在他的时间研究中写道：

> 古人认为时间是循环往复的……另一方面，我们习惯性地认为时间是以直线形式延伸到过去和未来的东西。……线性时间的概念对西方思想产生了深远的影响。脱离这一概念，就很难想象进步的观念，也无法谈论宇宙或生物的进化。（Morris, 1984, p.11）

当我认为时间之箭是普遍的观点，并且把不可逆序列中独特时刻的概念设定为可理解性自身的先决条件时，请注意，我是在讨论受文化和时间双重约束的关于事物本质的构想。正如米尔恰·伊利亚德（Mircea Eliade）在关于时间之箭和时间之环的最伟大现代作品《永恒回归的神话》（*The Myth of the Eternal Return*, 1954）[1] 中所述，历史上大多数人都坚持时间之环的看法，并认为时间之箭要么难以理解，要么是最深层恐惧的来源（伊利亚德将该书最后一部分命名为"历史的恐怖"）。大多数文化都回避这样一种观念，即历史并不体现永恒的稳定性，人类（通过战争行为）或自然事件（火灾和饥荒的后果）可能反映

1　在他的副标题"宇宙与历史"中，伊利亚德各用一个词语概括并对比了时间之环和时间之箭。

时间的本质，这并非一种可以通过祈祷和仪式免除或安抚的不规律现象。时间之箭是一种文明的特殊产物，如今已经传播到世界各地，而且特别"成功"，至少在数量和物质方面是这样的。"对历史的'新'以及'不可逆'感兴趣，在人类生活的历史上是晚近的事情。相反，古人不遗余力地保卫自己，抵抗历史必然带来的一切新生事物与不可逆性。"（Eliade, 1954, p.48）

　　我也认识到，时间之箭和时间之环不仅受到文化的限制，而且被过度简化，成为复杂且多样化观点的总称。伊利亚德尤其指出，这种二分法的每一端都融合了至少两种不同的版本。虽然这两种版本在本质上具有必然的相关性，但也有着重要的区别。时间之环可以指真实和不变的永恒性或内在结构（伊利亚德的"原型和重复"），也可以是精确重复的可分离事件的循环。同样，古希伯来人把时间之箭看作在创世和终结这两个定点之间的一系列独特事件，这不同于后来的内在方向性理念（通常指普遍前进的理念，但有时是一条通向毁灭的单行道，就像莱尔时代的灾变论者所预期的地球热力学的"热寂"，就是从最初的熔融状态持续冷却的结果）。独特性和方向性都包含在我们关于时间之箭的现代观念里，但两者出现在不同的时代和背景中。

　　在西方的时间观念中，时间之箭和时间之环的对立影响如此之深，以至于探索地质时间这样的重要活动几乎不可能抛开这些古老而持久的观点。我将尽力说明，时间之箭和时间之环的隐喻构成了争论的焦点，并且与任何关于自然世界的观察结果一样，是深时形成的基础。如果我们必须使用二分法，那么作为理解地质学对人类思想做出最大贡献的框架，时间之箭和时间之环是"正确的"，或者至少在最大限度上是有效的。我并不是先验地或在原则上提出这一主张，而是基于四个具体的原因。我会在本书中一一论述。

第一，时间之箭和时间之环的划分可能过于简单、过于局限，但它至少是二分法——伯内特、赫顿和莱尔所认可的背景，而不是教科书中辉格式历史所强加的不合时宜的或道德的对比（观察／猜测，或者，渐变／灾变）。

第二，我们已经失去了他们所理解的清晰背景，因为时间之环在今天变得非常陌生，我们再也无法认识到它对我们的英雄人物的指引作用（特别是当我们仅仅将他们视为本质上具有现代思维的卓越观察者时）。此外，时间之环体现了我们需要恢复（或至少不要因为经验不足而不予考虑）的基本解释原则。神话学大师伊利亚德主张将时间之环的构想重新引入一些现代理论。这不是因为他能够判断其真实性，而是因为他非常理解这个隐喻的更深层含义：

> 循环理论在当代再度兴起意义非凡。我们殊难判断它们的有效性，只是想指出，一种古代神话，以现代术语的方式加以表述，至少透露了一种愿望，就是要为历史事件找到意义和超历史的理由。（Eliade, 1954, p.147）

第三，我开始对这种二分法的基本特征深信不疑，因为它揭示了（至少对我来说）三部伟大文献的核心意义。这三部文献我已经读过很多遍了，但从未以统一的方式加以深入理解。我曾认为不相干的部分原来是一个整体；我能够重新安排被辉格式二分法做出的错误排列，并用体现作者观点的更好的分类法来阅读这些文献。

对于任何组织原则的检验，要看其能否呈现出具体细节，而不是作为抽象的一般性存在。时间之箭和时间之环揭开每个文本的细节，使我可以抓住各个主题的中心特征，这些主题通常会被边缘化，或者完全得不到承认。

对于伯内特，我可以将他的文献（和他的卷首插图）理解成两种隐喻之间进行内部斗争和不稳定结合的战场。我可以理解伯内特的地球观和尼古拉斯·斯泰诺（Nicolaus Steno）在《导论：论固体内天然包含的固体》（*The Prodromus of Nicolaus Steno's Dissertation Concerning a Solid Body Enclosed by Process of Nature within a Solid*，1669；1916）中的观点之间所达成的更深融合，尽管这两份文献通常被解读为不合时宜的古代 / 现代二分法的对立两端。对于赫顿，我终于理解了他如何看待以最纯粹形式呈现的时间之环，并且发现了赫顿与他的"鲍斯韦尔"（Boswell）——约翰·普莱费尔（John Playfair）之间的关键区别，一个集中在时间之箭和时间之环二分法上的区别，以前由于无此背景，所以并未得见。对于莱尔，我理解了他测定第三纪岩石年代的方法背后蕴含的更深主题，并且终于知道他为什么会把一种单纯的技术方法设定为一篇理论著作的核心。我也理解了他后来信奉进化论的原因，这是一种从时间之环的观点中最小化撤退的保守策略，但不意味着他成了达尔文激进改革运动的代表。

在更大的意义上，当我认识到赫顿和莱尔对深时的兴趣首先源自他们对时间之环（当时这种构想并不普遍）的执着，而不是（像误传的那样）来自对该领域有关岩石的高级知识时，我便把时间之箭和时间之环设定为本书聚焦的中心。在时间之箭的世界里，除非我们恢复两种构想及其隐喻，否则永远无法理解这个专业领域的孪生"父辈"。

第四，时间之箭和时间之环是一种"伟大的"二分法，因为它的每一端在本质上都抓住了一个对智识（和实践）生活如此重要的主题，以至于希望理解历史的西方人必须密切关注这两种构想：时间之箭是对独特和不可逆事件的理解，而时间之环是对永恒秩序和规律结构的理解。我们必须两者兼得。

声　明

本书涉及的领域有限，目的相当自足。本书并非传统的学术著作，而是针对那些易被误读的关键文献资料摸索出的一些个人理解（至少在我第一次阅读这些资料时有过误读，那时我还没有掌握构想和隐喻在科学中的作用）。关于时间之箭和时间之环的主题，我声明绝对不是我的原创。这种二分法已经被许多研究时间的学者探讨过了，从我们这个时代的米尔恰·伊利亚德、保罗·罗西、弗雷泽（Fraser）和理查德·莫里斯，一直可以追溯到尼采和柏拉图。许多地质史家，包括雷耶·霍伊卡（Reijer Hooykaas）、C. C. 吉利斯皮（C. C. Gillispie）、马丁·拉德威克（Martin Rudwick）和戈登·L. 戴维斯（Gordon L. Davies）等人也认识到了它的影响，只是尚未以文本分析的形式研究其全部影响。

　　此外，本书采用了一种近乎保守的方法，希望我的科学史同侪不会介意。首先，本书基于限制性的分类法，正如罗西在对比中成功例证的那样（Rossi, 1984）。时间的发现几乎算不上是英国三位思想家的成果（我之所以引用他们，只是试图从内部瓦解传统的神话）。其次，我还采用了一种局限的且有些过时的文本解释（*explication des textes*）方法。本书对地质学史上三份开创性文献初版的中心逻辑进行了细致分析。我不认为这项粗浅的工作可以代替真正的历史，尤其是当代人对科学的理解已经取得了巨大进展，而这种进展来自相反的策略，即对社会背景进行广泛分析和探索。我对这种工作的钦佩之情溢于言表。如果不是这种拓展性的工作提供了更加开阔的视野，我不可能着手构思本书。我明白，若要理解伯内特的理论，就必须了解光荣革命时期的英国背景（在这一时期前后，伯内特发表了关于地球过去和未来的若干论文），特别是他与当时激进的千禧年信徒之间的斗争。我也明白，在讨论詹姆斯·赫顿时，如果不提及大卫·休谟、亚当·斯密和詹姆斯·瓦特所处的爱丁堡，就如同把一个孩子从母亲的子宫里不合时宜地扯出来一样（这是另一个苏格兰人的故事）。

然而，我依旧从那种古老的阐释方法中看到一些价值。一份文献资料有多重社会和心理根源，包括其存在的原因，以及它为什么支持一种世界观，而不是另一种。但是，真正伟大的作品也有一个内在逻辑，可以在自身框架内进行分析。这就像一个一致的论证，存在于卓越的构想和综合的精心构建之中。一旦你掌握了这个中心逻辑，所有的碎片都会合为一体。

我会进一步论证，虽然社会背景是个很好的设定，但有时也会驱使我们远离文献的逻辑。当我们将各个部分解构成更广阔环境中的各个方面时，有时会忘记它们同时以一种几乎是有机的方式凝聚在一起，就好像一本书的封面、一个生物体的皮肤一样。[我们必须努力从外部理解生物体的生态，但歌德、若弗鲁瓦、欧文和达西·汤普森（D'Arcy Thompson）等形态学家也都理解从内部进行结构分析的价值。] 伟大的论证具有超越时间的普适性（和美感）：我们努力理解社会和心理层面的来龙去脉时，决不能失去内在的一致性。

我认为，如果我们是从以往的伟大论证中寻求指导和对现代问题的理解，就不能被苛责为冥顽不灵的辉格主义。因为真正闪耀着智慧光芒的例子少之又少，我们需要全力以赴去搜罗。另外，正如上述论证，对于时间的探索是如此重要，如此美好，如此引人入胜，无可与之匹敌。有关这项发现的文本极其珍贵且具启发性，因为这体现了一种广阔的视野与激情，它不可能以完全相同的方式再次出现。最后，还有一些非常基础和根本的东西，我们常常会忽略：除了这种智慧的力量所带来的纯粹乐趣之外，研究伟大思想家的重要文本不需要任何理由。我的主要动机就是单纯的快乐。

尽管我的基本方法似乎有一些局限性，但我会通过几个次级主题进行扩展。特别是，如果这些文本可以由一个中心逻辑的论证统一起来，那么图示（pictorial illustration）就是整体的组成部分，而不是仅仅为了审美或商业价值而加入的花哨东西。灵长类动物都是视觉动物，而且（特别是在科学领域）图示拥有一套自持的语言和惯例。拉德威克在他最出色的文章中发展了这个话题（Rudwick, 1976），但学者们却迟迟没有在只重视文字的传统上增设另一个维度。在我的设定中，隐喻和构想带来一个可观察的世界，而图示性总结在其中起到特别重要的作用。我发现，图示为我提供了一把钥匙，让我理解时间之箭和时间之环是智识努力的主要领域。当我领悟了伯内特的卷首插图的复杂性时，我构思出了这本书的大纲。因此，我会在每个主要章节的开头讨论一幅重要的图示。这些图示通常被误解或忽视，却蕴含着每个主角所青睐的时间隐喻。

1830 年，当年迈的歌德参加另一个二分法的大型论辩时，他认识到，从长远来看，法兰西科学院的论辩可能比当时席卷巴黎街头的政治革命更加重要，因为法国最伟大的生物学家乔治·居维叶（Georges Cuvier）和若弗鲁瓦正在探讨结构性与功能性方法的核心二分法（而不是像后来人所说的那样，在进化论与神创论之间的新兴冲突上进行斗争）。歌德从自己实践的核心中领悟到，艺术和科学可以是一个知识体的相邻面向；他认识到科学的热情是观念的斗争，而不仅仅是资料的汇编。歌德还意识到，某些二分法必须相互贯通，而不是斗争到一方消亡，因为每个对立端都蕴含着理智世界的一个基本属性。他曾就结构与功能生物学（我们不妨同样读一下时间之箭和时间之环）写道："就像吸气和呼气一样，思想这两种功能的关系越是密不可分，科学和科学之友的前景就会越好。"

第二章

托马斯·伯内特的时间战场

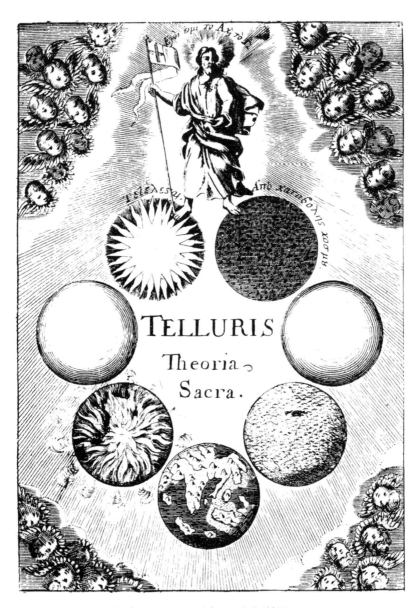

图 2.1 托马斯·伯内特《地球的神圣理论》第一版卷首插图。

伯内特的卷首插图

托马斯·伯内特所著《地球的神圣理论》的卷首插图，可能是有史以来以图示形式呈现的最全面、最准确的概要：它既展示了伯内特的叙述内容，也呈现了他自身有关时间与历史本质的内在考量（图2.1）。

在（就伯内特所在的巴洛克时期而言）必不可少的小天使环绕之中，我们看到耶稣站在多个球体组成的圆环上方，他的左脚立于我们这颗行星历史的起点，右脚则立于历史的终点。耶稣的头上方是源自《圣经·启示录》的名言："我是阿拉法，我是俄梅戛；（我是首先的，我是末后的；我是初，我是终。）"按照钟表匠工会以及末世论的惯例（救赎前的坏日子位于神性的左侧，或神性的险恶一侧），历史按顺时针方向从子夜走向正午。

我们首先看到（基督左脚下）"无形空虚"的原初混沌地球，深色表面之上一堆杂乱的微粒与黑暗。接着，混沌消散为一系列光滑的同心圈层，我们看到了最初的天堂伊甸园所在的完美地球，这是一个光滑、平淡无奇的球。但大洪水适时而来，惩罚我们的罪孽，地球接着被滔天的洪水淹没（是的，中心上方一点的影子就是乘于波浪之上的挪亚方舟）。洪水消退，留下我们当前的地球，整个外壳充满裂纹，"支离破碎，混乱的尸体堆积成山"。如预言所告知，在即将到来的时代中，地球将被火吞没，而后随着降落的烟尘和灰烬重建完美同心圈层，再次变得光滑。基督将与他复活的圣徒们一起统治这个新地球1 000年。

最终，在与邪恶势力决战获胜后，最终的审判将使众生各归其所，义者升入天堂，人类无须再将地球（位于基督右脚下）作为居所，它将化为星辰。

这个故事以最壮观的方式体现了时间之箭。这是一个详尽而喧闹的叙述，也是一个有着明确起点、清晰轨迹、特定终点的多阶段独特序列。谁还能要求一个更好的故事？

但伯内特的卷首插图表示的不仅仅是时间之箭。各个球体围成一个圈，而非成一条直线或其他完全按顺序叙述的适当隐喻。并且，太初之时与神同在之道，即基督，双脚分别立于起点与终点。还可以考虑这些球体位置精心排列的方式，其中我们当前的地球正好位于对称两翼的中心。请注意左右两侧有意识的呼应：三点钟位置是混沌元素降落后的完美地球，对面的九点钟位置，是在微粒从大火中落下后再次变得完美的地球；或者说，先被水淹、后被火烧而处于绝境中的地球分别位于当前被毁状态的两旁。

换言之，伯内特以时间之环为背景展示他的叙述（时间之箭）：永恒的神性位于顶端；地球成环状排列，无处不是起点与终点；我们的过去与将来之间存在一系列复杂的对应关系。

该图还同样充分地体现了伯内特被认定为地质学史上最大反派之一的可疑原因：它象征着地质学"深时"发现之旅的主要阻碍。因为我们可以看到，地球的历史与《圣经》的严格字面解读紧密缠绕，且实际由它来决定。

教科书中的伯内特

在我们的教科书中，伯内特的形象是遏制科学进步、盲目崇拜《圣经》的典型。我们可以将这一评价传统回溯至本书的另外两位主角。一位是詹姆斯·赫顿，他如此评论伯内特："这肯定不能从任何其他角度来考虑，而只能视为一个梦，一个诗意虚构黄金时代而形成的梦。"（Hutton, 1795, 1, p.271）另一位是查尔斯·莱尔，他评论道："即使是弥尔顿，也几乎不敢在自己的诗中，不受拘束地放纵自身的想象……如这名作者般，自命之为深刻哲学。"（Lyell, 1830, p.37）

没有人比最杰出的苏格兰地质学家阿奇博尔德·盖基（Archibald Geikie）更以纯粹的方式表达了经验主义者的信仰。他在《地质学奠基人》（*Founders of Geology*, 1897）一书中推广了把野外工作者视为英雄、将思考者视为反派的传统。作为数代人的地质学史"标准"，该书成了更为持久的教科书教条的来源。盖基将伯内特的书列为 17 世纪晚期科学中所充斥的"骇人听闻的学说"之一："对于我们地球的起源与结构的理论，没有哪个地方会像英格兰一样让猜测如此肆意发挥。"（Geikie, 1905 ed., p.66）盖基接着提供了自己针对这一回顾性两难困境的经验主义者的解决方案，即事实必须先于理论："过了很长时间人们才明白，任何有关地球的真正理论都必须依赖地球本身所提供的证据，而在大量证据汇聚之前，这样的理论不可能被恰当地建构起来。"（Geikie, 1905 ed., p.66）

霍勒斯·伍德沃德（Horace B. Woodward, 1911, p.13）在他编撰的伦敦地质学会官方历史中，将伯内特的著作归于当时"浪漫而无益的劳动"之一。最有趣的一条批评出自一个特别的来源。乔治·麦克里迪·普赖斯（George McCready Price）是"科学创世论"（scientific creationism）的始祖与创始人——对于该伪科学的追随者来说，它的名称属于一种矛盾修辞。普赖斯认为伯内特是其体系的特别威胁。普赖斯希望通过基于严格野外工作的归纳法来证实圣经直译主义（biblical literalism）。内部的敌人要比外部的敌人更危险，按此"老理"，普赖斯想尽可能地与像伯内特这样坐在扶手椅上讲述《圣经》地球历史的人保持距离：

> 无论对《圣经》来说，还是对真正的科学来说，他们疯狂的幻想应当被称为一种嘲弄；从那以后，"洪水"这个词被人一直嘲笑。如果岩石研究者都愿意耐心地调查记录，严格地约束自身的狂想，直至收集到足够的证据来建立真正的归纳或概括，那么这对于后来所有科学的历史来说该是一件多么令人高兴的事情。（Price, 1923, p.589）

这一描绘持续到我们这一代。芬顿夫妇（Fenton & Fenton, 1952, p.22）所著畅销书《地质学巨人》（*Giants of Geology*）将伯内特的理论斥为"一系列有关地球发展的怪异想法"，并把他提出的机制误读为一系列神意的干预："托马斯·伯内特认为一位愤怒的上帝用太阳的光芒作凿子来凿开地壳，让中间的水奔涌而出，淹没顽固不化的人类。"戈登·戴维斯在他杰出的英国地貌史中说道，伯内特和其他人的圣经地质学"作为奇形怪状的伪科学，始终对历史学家有一种特别的吸引力"（Davies, 1969, p.86）。

科学与宗教的较量？

支持对伯内特做出这种典型的错误描述的社会环境，是科学与宗教之间的所谓矛盾，或说战争。虽然学者已令人厌烦地辩称并不存在这样的两分法，但这一吸引人且简单的概念依然持续存在。学者认为，如果说这一争辩表达了任何基本的划分，那就是区别了传统主义者（主要来自教堂）和现代主义者（包括大部分科学家，但也一直包括很多牧师）。

"科学与神学的战争"常被引用的章句，是康奈尔大学校长安德鲁·迪克森·怀特（Andrew Dickson White, 1896）所著的同名两卷本著作。虽然怀特个人笃信宗教，但他对美国宪法第一修正案怀着实际上更强的承诺，力求建立一所与宗教、宗派无关的大学。在与埃兹拉·康奈尔（Ezra Cornell）谈及自己的著作时，他写道："我们远非想要伤害基督教，相反，我们都希望宣扬它，但我们未曾将宗教与宗派主义混为一谈。"（White, 1896, p.vii）而后，怀特用粗斜体的一段话表达了他的中心论点：

在所有现代历史中，为了所谓宗教利益而做出的对科学的干预，无论此种干预如何诚心，都已给宗教与科学两者造成直接的不幸，没有例外；另一方面，所有不受限制的科学研究，无论某些阶段在当时看来对宗教多么危险，都一贯地符合宗教与科学两者的最高利益。（White, 1896, p.viii）

怀特以一个隐喻作为著作的开头。他曾是美国驻俄国使团的一员，在自己位于圣彼得堡涅瓦河上的房间里向外看，注视着一群俄国农民在 4 月寒冰将融化时，破开仍围堵河流的冰坝。农民在冰上凿出成百上千条小水渠，由此使被抑制的河水可以逐渐释放，而不会用整个冰坝突然崩塌引发的大洪水来发泄自己的愤怒。

来自上游成千上万条上涨溪流的河水在［冰坝］后方压迫发力，沉船残骸和垃圾靠着它越堆越高，每个人都知道它必须让步。但存在的危险是它可能会……突然决口，甚至会从根基上冲曳花岗岩建造的码头，带给民众一片废墟。……耐心的农夫在做正确的事情。通过他们凿开的无数水渠，冰坝愈加感受到春天的暖意，会逐渐破开。河水将向前流动，它对人们来说是一条慈爱、美丽的河流。

怀特告诉我们，上涨的河水代表着"新增知识与新思想的洪流"，而大坝就是自以为是的宗教与不肯退让的习俗（怀特而后承认，他希望自己的书可以作为农夫的水渠，以温和的方式传递光明）。因为如果教条屹立不动，大坝决口（因为不可能永远阻挡真相），那么美德之洪水，仅按其体量，将会压垮一切，而不仅仅是黑暗："……突然决口会令人痛苦和不幸，被扫荡的不仅仅是过时的教义与有害的教条，还有被珍视的原则与理想，甚至挫伤更为宝贵的整个社会和政治结构的宗教与道德基石。"（White, 1896, p.vi）

在怀特看来，伯内特就属于大坝的一部分——一个宗教问题不恰当地侵入科学问题的例子，因此也是对温和启蒙的一种危险。这种解释成为教科书与课堂讲义中短镜头（short-takes）的基础。现代学者了解得更多，但教科书的世界闭关自守，直接将错误一代一代传了下去。

伯内特的方法论

托马斯·伯内特神父是一位杰出的英国圣公会牧师，他曾是国王威廉三世的专职教士。1680—1690 年期间，伯内特先用拉丁文，而后用英文出版了四卷本《地球的神圣理论：包含对地球起源，及其已经历和直至万物圆满将经历的所有一般变化的叙述》（ *The Sacred Theory of the Earth: Containing an Account of the Original of the Earth, and of all the General Changes which it hath already undergone, or is to undergo Till the Consummation of all Things*）。在有关大洪水的第 1 卷、有关之前天堂的第 2 卷、有关即将到来的"世界大火"的第 3 卷，以及有关大火之后重获的"新天国与新地球"或天堂的第 4 卷中，伯内特以神的旨意（《圣经》）及其造物（自然之物）始终如一的一致性讲述了我们这颗行星的故事。

我在前文暗示了对伯内特的喜爱，但希望并未传达这样的印象，即我会为其辩护，认为他是一名符合诸位教科书式评论者所引述的当代标准的科学家。如果按这些标准，如他的批评者所坚称的，伯内特显然不是一名科学家。《地球的神圣理论》几乎未诉诸实证性信息，仅有少数几次宝贵的例外。它以相当长的篇幅充满自信地讲述了不可观测的未来，一如对可确证的过去的叙述。它的论证如本能一般习惯、经常地引用《圣经》。但在他的时代，二分法并未认识到科学与宗教的区分，甚至还未拥有我们现在所谓"科学"这样一个语词，我们如何能够批评伯内特混淆了科学与宗教？伯内特的专著曾得到牛顿的高度称赞，它是当时所重视学术风格的模范代表。诚然，该风格对我们现在所谓经验性真理施加了严格限制，但带着时代错置的标准回顾历史，可能只会导致我们贬低（并因此误解）我们的前辈，因为时间之箭主要通过进步的偏见来影响我们人类的历史，使我们越往回看，越觉得过去不足。

我认为应当怀着基本的敬意看待伯内特，认真地对待他观点中的逻辑，信其为真。¹伯内特所采用的方法，在我们的时代，（在著名人物之中）仅有伊曼纽尔·维里科夫斯基（Immanuel Velikovsky）使用过。维里科夫斯基重新构建其激进的、现已被证伪的宇宙学和人类历史时，初始的中心前提假设与我们当前的论证传统刚好相反：出于研究目的，假设古代文明的书面文本中的所有事情都是真的。然后，我们能够发明产生这样结果的物理学吗？²（如果约书亚说太阳停在了吉比恩，那就是有东西阻止了地球的转动——在维里科夫斯基重构的理论中，是火星或金星的运行过近。）

　　伯内特的前提假设是，仅有一份文件是真实无误的，即《圣经》。³而后，他的著作变为寻找导致这些确凿历史结果的自然原因的物理现象。（当然，伯内特与维里科夫斯基存在根本性的差异。维里科夫斯基仅将古老文本的真实性作为一种启发式的开始。但对于伯内特，上帝圣言与造物的一致，建构了物理

1　我知道，动机永远比论证的逻辑要复杂得多。我接受学者们提出的许多论点，以解开伯内特结论中隐藏的议程。例如，他坚持只有在未来的大火之后才会复活，以此作为反对宣扬世界末日即将到来的宗教激进分子的武器。然而，我发现将过去不熟悉的论点照单全收，并通过它们的逻辑和含义进行研究，对个人是有益的。这些练习比任何关于推理原则的明确论述更让我学会了一般思考。

2　尽管现在科学家都会认为，对古代文本中的哪些说法可能是历史上的真实情况，物理学的可能性对此设定了预先限制。

3　这种承诺把伯内特导向了一些论点，而我们在不同的假设下，可能会把这些论点视为愚蠢至极，例如，挪亚洪水一定是真正全球性的，而不仅仅是地方性的，因为如果整个地球没有被淹没，挪亚就不会建造方舟，而只会逃到邻近的土地以求安全。

现象与《圣经》之间先验必要的和谐。）

在该一致性的限制下，伯内特遵循了一种将他归类为理性主义者范围的策略。（如果我们必须遵循西方电影式的历史回顾场景，理性主义者是推动科学将来发展的"正面人物"。）作为其逻辑的中心，伯内特不断坚称，仅当我们发现全部《圣经》事件的自然原因时，《圣经》所言明的地球历史才能得到恰当解释。此外，他还竭力主张，在理性与启示的明显矛盾中（这些矛盾不可能是真的），先选择理性，然后再厘清启示的真正含义：

> 让《圣经》的权威陷入有关自然世界的纠纷，与理性相对，是一种危险的情况。以免显明万物的时间，发现我们在《圣经》中坚称的事情明显是错的。……我们不能假设，有关自然世界的任何真理是宗教的敌人。因为真理不可能是真理的敌人，上帝不会将自己分为敌对的两半。（Burnet, 1965, p.16）

伯内特强烈抨击那些选择轻松之路，在物理学出现难题时就援引神迹干预的人，因为这样的策略不再以理性为引导，毫不费力地解决所有事情而无法解释任何事情。伯内特拒绝用奇迹般创造更多的水来解决其整部论著背后的中心问题，即地球怎么可能会被自身有限的水淹没？伯内特用了之后被莱尔也使用的比喻来反击灾变论者：解开戈耳狄俄斯之结的简单和困难方式。"他们说得很简洁，全能的上帝创造水是为了制造大洪水，而后在大洪水将停息之前废弃它们。这寥寥数语就是对事情的全部叙述。这是在我们无法解开结时直接把它割断了。"（Burnet, 1965, p.33）同样，对于物理学上难以置信的第二大问题，即全世界范围的大火，伯内特再次坚称，火的普通性质必然能完成这件事情："火是工具，或说是执行力，其中并不具有其自然所有之外的任何力量。"（Burnet, 1965, p.271）

自牛顿革命以来，几乎每一位有神论科学家都秉持伯内特的基本立场：上帝的创造一开始就是完美的。上帝规定了自然法则，以产生适当的历史。之后，他不需要另外的干预，即奇迹般改变自己的法则，就可以修补一个不完美的宇宙。在一段引人注目的叙述中，伯内特借助发条的标准隐喻来描述科学的基本原则之一：自然规律在空间和时间上的不变性。

　　　如果把上帝比作一个钟表匠，与其说他制作好钟表后，每隔一个小时都用手指触摸它一次，让它发出响声，不如说他一开始就利用弹簧和齿轮架构好了每小时自动敲响一次的系统。如果一个工匠设计了一个钟表系统，使它可以自动规律地长年运行，而假设一旦遇到特别的信号或是弹簧被拨动，则整个系统自动地分崩离析。比起工匠自己来用锤子将钟表敲碎，这难道不该被视作一件更伟大的艺术品吗？（Burnet, 1965, p.89）

只是在著作的最后部分，当他必须说明大火之后地球的未来时，伯内特才承认理性一定会失败。原因是，人们怎么能重建一个无法观察的未来的细节呢？然而，他以非常温和而明显的后悔态度抛弃了理性：

那么再见了，我亲爱的朋友，我必须再找一个向导，并把你留在此处。就像摩西在毗斯迦山上一样，只是为了看看那片你无法进入的土地。我感谢你所做的出色服务，感谢从世界之初到此时此刻的漫长旅程中，你一直是我忠实的伴侣。我们共同穿越了第一次和第二次混乱的黑暗，目睹了世界的两次劫难。无论水火都无法将我们分开。但现在，你必须让位给其他向导。欢迎，神圣的经文，上帝的圣言，在黑暗中闪耀的光。（Burnet, 1965, p.327）

历史的物理学

通过讨论伯内特的卷首插图，我大致介绍了伯内特的剧本内容。但他究竟引用了什么物理学，造就如此惊人的一系列事件呢？

伯内特认为，大洪水是其方法论的核心。因此，神圣理论并不是按时间顺序进行的，而是先讲大洪水，再讲更早以前的乐园。因为伯内特认为，如果他能为这个最具灾难性和最困难的事件找到合理的解释，他的方法定会适用于所有历史。他试

图计算海洋的水量（图 2.2），但严重低估了海洋的平均深度
（100 英寻，约合 183 米）和范围（地球表面的一半）。[1]他得出
结论，认为海洋无法完全淹没大陆。根据他的计算，即使 40 个
昼夜的降雨也不会增加多少水量（只是循环利用海水）。他也拒
绝所谓"神造新水"的理论，因为此类说法在方法论上破坏了
他的理性框架。结果，伯内特只好另谋出路。他将目光锁定在
世界范围的水层上。该水层位于地表原始地壳之下并与之同一
中心。他宣称，大洪水发生时，原始地壳破裂，使得下面的厚
厚一层水从深渊中涌出（图 2.3）。

　　这种对大洪水的诠释，使伯内特能够详细说明之前和之后的
情况。自大洪水以来，没有发生任何显著的事件，只是大洪水之
后时期的地形发生了一些无关紧要的侵蚀。（伯内特的地质理论
缺少修复的概念，其中通常的变迁过程只遵循《以赛亚书》第
40 章的叙述，侵蚀山体，填满山谷，从而使地表平整、平滑。）

　　地球当前的表面是由大洪水塑造的（图 2.4）。简言之，它
是由原始地壳的破裂碎片构成的巨大废墟。洋盆是空洞，山峰
则是地壳碎片翻转过来的边缘。"它们是一片废墟。这一个词就
足以诠释它们。"（Burnet, 1965, p.101）伯内特的描述和比喻都记

1　伯内特并不是传说中扶手椅上的投机者，他对缺少足够的地图来评估和计算
　　其理论中这些关键要素感到遗憾："为此，我毫不怀疑，如果有地球的自然地
　　图，将是非常有用的。……我想，每个统治者都应该对自己的国家和领地进
　　行这样的测绘，以了解地面的情况……哪些地方最高，哪些地方最低……河
　　流如何流淌以及为什么流淌，山脉如何屹立……"（Burnet, 1965, p. 112）

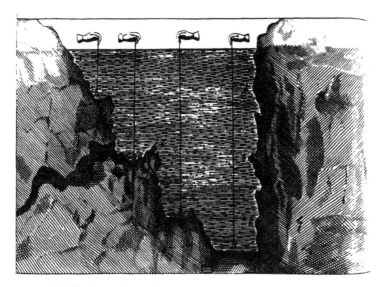

图2.2　伯内特试图通过经典的探深方法评估海洋中的水量。（来自第一版）

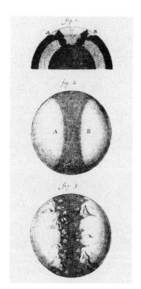

图2.3　伯内特的大洪水物理成因。地壳出现裂缝（图1）。水从其深渊中的圈层升起，淹没地球（图2）。然后水再次退去，留下现代的大陆（山脉作为裂缝地壳的边缘）和海洋（图3）。（来自英文版第一版）

录了他对我们当前地球的观点，即毁灭后的残余——"可怕的废墟""破碎而混乱的尸体堆""肮脏的小行星"。

接下来，在第二卷中，伯内特以假想的方式重塑了大洪水之前的完美地球。《圣经》详细说明了原始的微粒混沌（图2.5）。物理学将它们分成一系列的同心层，越接近中心越密集（图2.6）。（由于伯内特认为固体地壳是一种薄而轻的泡沫，更稠密的水在下面形成了水层，即大洪水的源头。）

这个完美的地球上存在最初的伊甸园。地球表面平淡无奇，十分光滑。河流从高纬度地区流出，并在干燥的热带地区消散（图2.7）。（按照伯内特关于地球形状的颠倒概念，河流流动的原因在于地球两极比赤道海拔略高。）具有如此完美径向对称的行星，地球所在轴是不可能倾斜的。因此，地球以直立状态旋转，位于中纬度地区的伊甸园四季如春。作为人间天堂，伊甸园有益健康的条件孕育出早期父系社会里900多岁的人类寿命。但大洪水的到来使得伊甸园一去不复返。地球从此变得不对称，地轴倾斜到了现在的20度角左右。从此，反常的季节变化开始了，人类寿命下降到目前的70岁。

如果这种世界重构对现代读者来说不过是幻想或《圣经》中的教义（我不否认，只是希望引用不同的判断标准），那么我们可以回想一下伯内特对基于自然规律的理性解释。和伯内特对地球轴倾斜变化的描述不同，一位近代名人认为这是天使的杰作：

　　　　有的说，他命令天把地极扭转，

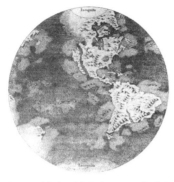

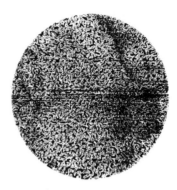

图 2.4 地球目前的表面，是大洪水
时期地壳塌陷的产物。(来自第一版)

图 2.5 《创世记》中讲到的原始地球
混乱情况。(来自第一版)

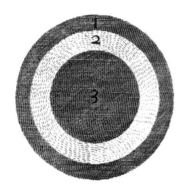

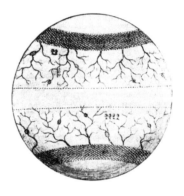

图 2.6 作为原始伊甸园天堂的完美地
球，在微粒从原始混沌中沉降后，按
密度排列成同心圈层。(来自第一版)

图 2.7 处于天堂状态的地球表面。
河流在高纬度地区起源，在热带地区
消散。四棵树标志着伊甸园位于南半
球一个合适的中纬度。(来自英文版
第一版)

图 2.8 在未来的大火之后，微粒按
密度下降到同心圈层，地球第二次变
得完美。(来自第一版)

比太阳的轴心倾斜二十多度，

他们尽力把中心的球推歪斜了。

有的说，太阳受命从黄道向右转，

往上升到双子宫、伴同七曜姊妹星的

金牛宫和夏至线上的巨蟹宫，

然后急转直下，经过狮子宫、

处女宫、天秤宫，深入山羊宫，

这是要给各国土地的季节带来变化。

否则春天永远常在地球上开花微笑，

除了极圈以外的人们只见昼夜相等；

在两极的人看来，昼夜长明，

为了补偿他的距离，太阳低垂，

看来总是在地平线上回转，使人不辨

东和西，因此从寒冷的艾斯托替兰到

南方马格兰的低地，都不得降雪。

太阳为了要照耀那禁果，好像有意

避开席斯特斯的宴席而改变了轨道；

否则，住着人的世界，虽然无罪，

也怎能逃避得了比今天更加

刺骨的严寒和灼肤的酷暑呢？[1]

---

1 译文引自弥尔顿：《失乐园》，朱维之译，北京，人民文学出版社，2019年，第410~411页。——译者注

在第三卷中，伯内特提出了一系列更倾向以《圣经》为指导的论点，因为就物理学而言，观察过去的记录势必比预测未来更可靠。他认为，即将到来的全球大火，将彻底吞噬地球的表层，并将由此产生的所有微粒重新调和成新的混沌状态。自此，伯内特继续追寻一个理性的物理解释。在随后的章节中，他探讨了一系列细节问题，如潮湿的、岩石结构的团块如何燃烧（水首先将在严重干旱中蒸发），被毁坏的地球杂乱的表面如何滋生火焰（利用来自其内部空间的大量滋生的空气），以及火灾将从哪里开始。维苏威火山和埃特纳火山将火的源头指向意大利。上帝也知道这里是反基督者罗马主教的故乡（伯内特毕竟是一个坚定的英国圣公会教徒）。尽管如此，伯内特本着普世精神告诉我们，煤炭储量丰富的英国接着也会步其后尘，熊熊燃烧。

如果大火以不同的方式重演大洪水的灾难，那么火灾之后的地球也会再现曾经出现过的人间乐园。重构的物理原因也和过去相同：燃烧过的微粒沉降到按密度排序的同心圈层（前页图 2.8）。在这个被完美再造的地球上，基督将会统治 1 000 年，撒旦也会被捆绑在锁链中 1 000 年。千年之后，歌革和玛各（Gog and Magog）将昭示善与恶的终局之战，宣布末日审判的号角将吹响，圣徒终将飞升（罪人则去别处）。最终，被取代的地球将成为恒星。

伯内特对遵循自然法则的解释的献身，及其对历史文献的忠诚，和他的朋友艾萨克·牛顿在 1681 年 1 月于伦敦和剑桥之间引人入胜的长信交流中提出的替代理论形成鲜明对比，从而更容易被我们理解（幸好当时他们没有电话，甚至火车）。[1]

牛顿提出了两个让伯内特感到困扰的观点：第一，地球现在的地形是在原始混沌初期形成的，而不是挪亚大洪水塑造的；第二，所谓"六日创世"的悖论，也可以用"地球过去自转比现在慢得多，因此一'天'的时间极长"来解释。面对牛顿冗长而激昂的答复，伯内特辩解道（用现代正字法）：

> 看到您的长信，深深被您的诚意打动。我理解您所坚持的两个重要观点，即（如您所想）现在的地球立即从混沌中形成或不被溶解［见大洪水在伯内特理论中的作用］的可能性，以及遵循摩西创世六日作为物理学描述的必要性［伯内特在英语规范化当前属格形式之前，使用令人愉快的结构写下了"摩西他的创世六日"（Moses his Hexameron）］。若要反驳您的这两个观点，我的信件就会显得过于冗长了。（Turnbull, 1960, p.327）

伯内特反对牛顿的第一个观点，因为牛顿认为，地球形成之初就具备了所有基本特征，从而消除了扩展历史的作用，这可参见上文引述大洪水作为地形变动因素的论述。伯内特随后反对了牛顿所谓"创世之初一日极长"的理论，因为他怀疑地

1　感谢罗达·拉波波特（Rhoda Rappoport）发给我这些文件。

球后来的自转加速需要超自然力量的干预（伯内特赞成对《创世记》第 1 章的寓意解释，认为一"日"的概念不能在太阳被创造的第四日之前定义）。"但是，如果地球的自转起初如此缓慢，那么后来怎么会变快呢？是自然原因还是超自然原因导致的呢？"（Turnbull, 1960, p.325）伯内特还反对说，漫长的早期岁月会延长族群领袖的寿命，甚至超出玛士撒拉及其同胞已经成问题的 969 岁。虽然生物可能会享受漫长的、阳光明媚的时光，但漫长的夜晚可能会难以忍受："有多么漫长的白天，就会有多么沉闷的夜晚。"（Turnbull, 1960, p.325）

牛顿的答复证实了伯内特对他们之间差异的解读。牛顿认为，从原始混沌中分离出一部分，可能会产生不规则的地形，而不是伯内特的系统所描述的光滑的同心圈层。因此，我们也不需要后续的叙述来解释我们地球的当前面貌："摩西将苍穹下整个球状体表面的浑水的一部分转化为清澈的水和干地，因此，水就自然从较高处流出，使得土地变干燥，并聚集到较低的地方组成海洋。并且，某些部分可能会比其他部分更高。"（Turnbull, 1960, p.333）

至于自转的早期加速，牛顿直接采用超自然加速证实了伯内特的担忧："上帝使用近在咫尺的自然力量作为工具进行创世，但我认为仅凭自然力量不足以创造万物。因此可以假设，是上帝令地球以如此角度和节奏运转，使其时间规律最符合生物的生存。"（Turnbull, 1960, p.334）牛顿也无视地球上第一批居民的"沉闷之夜"的问题，辩称："为什么鸟类和鱼类不能像

格陵兰岛的其他动物一样，忍受极其漫长的夜晚？"（Turnbull, 1960, p.334）

因此，在这次与最伟大的科学英雄的通信中，伯内特的形象脱颖而出，成为专注于自然法则统治且更愿意接受历史解释的代表人物。他在写给牛顿的信的结尾，描述了一个奇异的时间之箭事件，即 1680 年，一颗大彗星划过伦敦的上空。"先生，我们都忙于观察彗星，而您在剑桥所发表的言论，可能是造成如此惊人彗发的原因。"（Turnbull, 1960, p.327）牛顿和伯内特的共同好友哈雷先生也在敬畏地观察着这颗彗星。两年后，仍是在这一壮观景象的启发下，他观察到一颗较小的彗星，并最终预测它会以 76 年的周期定期返回。这个较小天体就是哈雷彗星，在我撰写本章时也曾驻留在天空中——这是时间之环的一个基本信号。

时间之箭与时间之环：冲突与解决

在聚焦于伯内特的理性主义方法论时，那些希望在其作品中寻找价值的修正主义者错失了一个重要的机会。从某种程度上讲，这是因为他们只依赖于文本，而忽视了图示。我认为在曾经发表的文献中，伯内特的卷首插图是对两种互补的时间观之间张力的最佳表述——时间之箭和时间之环的古老对比。从卷首插图展现的视角出发，我重新研究了伯内特的文献，并获得了全新理解（之前已读过 6 遍）。我认为，《地球的神圣理论》是伯内特的角斗场。在这里，他努力将时间的两个隐喻合而为一，形成统一的历史观。该历史观突出了两个显著特征：时间之箭的叙事力量和时间之环的内在规律。在我看来，伯内特的"努力为之"有着很强的自觉意识，他的卷首也是精心制作的。

伯内特对时间之箭的描绘和辩护

叙事性辩护

由于《地球的神圣理论》主要是一个故事，所以对时间之箭的关注和隐喻在文本中占据了主导地位。伯内特反对亚里士多德主张的不变或循环永恒的观念，他渴望建立方向性历史的观念，并以此为著述目标。在开始叙述之前，伯内特用了一章的篇幅来反驳亚里士多德的假设。他先提出了一些关于地球时间起点的论点，然后略作停顿，并指出自己接下来的叙述将会充分反驳非方向性的永恒观："我们不需要在此过多赘述来反对亚里士多德的学说，即当前地球呈现的状态源自永恒的循环，因为整本书将会贯穿始终地驳斥这种观点。"

伯内特反复证明了他对连续叙事的关注是理解地球的一种方式。首先，这很有趣："我觉得，我总是有一种特别的好奇心去追溯最初来源和事物的起源，并在脑海中观察……一个新兴世界的开端和进程。"（Burnet, 1691, p.23）"尤其令人愉悦的一件事是探索事物的起源，以及它们在什么程度上经历怎样的连续变化才能够完成一个过程，变成我们后来看到的那种秩序和

状态。"（Burnet, 1691, p.54）

我们需要叙述几点缘由，包括：人类好奇心的自然倾向——"人脑会很自然地认为，复杂的事物曾经都比较简单"（Burnet, 1691, p.43）；理性召唤——"探索伟大的自然革命通过何种渠道运转与轮替，没有比这更考验或体现自然智慧的了"（Burnet, 1691, p.66）；神性之道——"我确信，若想审视神性智慧之道，我们在研究和对待自然时，就不仅需要考虑事物是怎样的状态，还要考虑它们如何形成了这种状态"（Burnet, 1691, p.54）；历史影响的重要性——"我倾向于认为，处于同一状态或同一时期的两颗行星，彼此之间并没有太大的不同，就像同一颗行星在其存续的不同时期与其自身之间的区别一样。我们似乎和我们的祖先生活在不同的世界，甚至不是同一种族"（Burnet, 1691, p.140）。

地球的哪些特征促使我们对其进行叙事性解释？

在寻找标准来论证当前状态需要作为历史产物来解释时，伯内特有时援引直接观察的证据："如果有人声称，有这样一个人，生而永恒，那么我可以去寻找见证者，有些人知道他曾经是一个吃奶的孩子，还有人记得他上学时的样子。我认为这就很好地证明了这个人并非生而永恒。"

但是，我们很少能直接观察到充足的变化，因为古代（尤其是远古时代）没有文献记载，见证者也早已无影无踪。因此，我们必须从现在的状态或异于现在的过往遗迹中寻找一个推论的标准。

达尔文努力将生物体的形态解释为历史的产物，而 150 年前伯内特就采用了同样的解决之道。[1] 达尔文以矛盾的形式给出了他的回答：历史在现代结构的奇异性和缺陷中被揭示出来。进化的完美性掩盖了其自身形成的痕迹。最优设计可能是从历史中发展而来，但也可能是一个高明的设计者凭空创造出来的。达尔文针对生物体提出的先进理念，伯内特已应用于地球形态的研究中。现在的地球是一片废墟，"不定形，无常态"（Burnet, 1691, p.112）。但废墟必然是曾经完整的事物的残骸，总之是历史的产物。只有作为发展盛会中的一个阶段，地球当前的形态才有意义：

> 地球各部分没有任何秩序或规则的设计，我们似乎有理由相信它不是自然根据其第一意愿，或利用绳线和铅锤测量并确定比例的第一个模型形成的产物，而是一个次级作品，是残破的材料所能达到的最好制作效果。（Burnet, 1691, p.102）

同样的原则还支配着人工制品，或任何由尘世的和神明的智慧建造出来的东西：

---

1 我做这个比较并不是因为伯内特比后来的英雄更早提出这个说法而赞美他，我只是主张，过去几个世纪的优秀思想家都面临着类似的问题，并经常运用相同的富有成效的理性规则。

关于地球的这个想法出现在我的脑海中时，我无法相信这是它最初生成时的形态，就好像如果我看到耶路撒冷圣殿在被巴比伦人玷污和洗劫后变成了一片废墟，我或许会说服自己：这座圣殿从未以其他的姿态出现过，当初所罗门下令建造时，它就被建成了这样。(Burnet, 1691, p.121)

形式和隐喻中的叙事处理

由于伯内特的《地球的神圣理论》首先是一个很好的故事，所以叙事风格贯穿始终。伯内特采取了两种形式来介绍地球根本的历史性。第一，矢量模式，有方向的秩序和确定的存续期。例如，地球不可能是永恒的，因为侵蚀过程是一条单行道，最终会破坏所有地形。

如果地球当前的状态和形式源自永恒，那么这种毁灭的状态就早已有之。……山脉逐渐沉入山谷，再沉入大海，而流水则升到地面之上。……无论废弃物还是被水冲走的东西，都会被带入低地和大海，没有什么东西能够在循环往复中重回故地。一旦失去，无法挽回，也无法从自然界的任何其他地方获得相应的补充。(Burnet, 1691, pp.44-45)

第二，很多时候，伯内特只是沉溺于他的纯叙事技巧，即过去决定现在而现在约束着未来的故事线。我们几乎可以在他的任何一处文本中看到，这段对于大洪水的描述就可以体现：

痛苦的方舟承载着人类的少量遗存，它挣脱于这片混沌。没有哪片海水这般汹涌澎湃，目前自然界中的任何事物也都无法与这些浑水匹敌；所有的诗歌，以及所有描述风暴和汹涌海水的夸张词语，在这里都无比真实，甚至不足以描述真实情景。方舟真的被带到了最高的山顶，进入云端，又被抛到了最深的海湾里。（Burnet, 1691, p.84）

伯内特的结语再次表明他的论著是一部历史叙事作品："我们在那里离开［地球］；在 7 000 年的时间里，我们引领它经历了从至暗混沌到明亮恒星的各种变化。"（Burnet, 1691, p.377）[1]

伯内特是一位优秀的散文家，因此我们也可以通过他的隐喻来追踪他的重点。历史的方向或矢量是一个"通道"（Burnet, 1691, p.66）或沿着"时间线"前行的"进程"（Burnet, 1691, p.257），而在叙事过程中，历史和剧场一次又一次地表现出明显的相似性："看一看，当这个剧场解散时，我们接下来将在哪里表演，扮演什么角色。在那个舞台上，会出现什么样的圣人和英雄，并会有什么样的光鲜与华彩。"（Burnet, 1691, p.241）

伯内特将他的矢量标准和叙事标准结合，这体现在另一个显而易见的类比中：地球的历史与树木的生长。在下面这段话中，他对历史分析的美感和必要性进行了最佳辩护：

1　请注意伯内特是如何将历史的两个特点纳入其中，即方向的矢量性（从至暗混沌到明亮恒星）和叙事的丰富性（各种变化）。

　　我们不仅需要考虑事物是怎样的状态，还要思考它们如何形成了这种状态。夏日里，看着一棵树，长满了绿叶，开满了花朵，或者结满了果实，在它平展的枝丫下投下宜人的树荫，这是令人愉快的事情。但想一想，这棵树和它的枝叶花果是如何从一粒小小的种子长出来的；在它的幼年和成长过程中，大自然如何塑造它，哺育它；增加新的部分，并且使其一点儿一点儿得到提升，直到它达到现在这种伟岸和完美。我想这是另一种快乐，更加理性，但很少有人会这样思考。……那么，观察一下这个地球，它现在是完整的，被划分为其所包含的几类块体，每个都完美且令人叹为观止。这确实令人欣喜，是一种非常好的精神愉悦。但我想还有另一种快乐，它能更深刻地穿透心灵，并使人获得更大的满足感，那就是把你看到的这一切还原成它们最初的种子，把自然框架打成碎片并将其融进第一原理，然后观察神性智慧如何让这一切从混乱变得有序，并从简单变成我们现在看到的美丽组合。(Burnet, 1691, p.54)

伯内特对时间之环的描绘和辩护

　　《地球的神圣理论》远远不止是单纯的叙事。该书是在预设的框架内讲述了一个故事。时间不能简单地朝着更加不同和进步的状态前进。上帝和自然的秩序，禁止在时间的各式走廊中漫无目的地游荡。我们现在这个地球包含两个重复的伟大循环——我们的过去和未来。在过去，毁灭（大洪水）紧随完美（伊甸园）。我们的未来将以相反的顺序在这些相同的阶段中循环，并以不可思议的精度在重新回归完美之前再次毁灭（大火）。

如果理性意味着精致设计的秩序（正如伯内特在描述地球最初的完美时所述），那么时间结构作为一个整体也必须显示出理性的秩序，因为上帝管理着空间和时间。这样的理性秩序需要一种不变的或循环重复模式的内在永恒性。因此，时间之环像时间之箭一样确定无疑地渗透了《地球的神圣理论》。箭在重复的框架内前进，形成了宇宙中的内在秩序和理智判断的鲜明特征。

在第四卷的结尾，伯内特指出，循环是上帝和自然之道。"在巨大的时间之环中，通过'回转'（Revolution）再次达到相同的状态，似乎是天意使然；通常在特定时期后，失去或衰退的事物可以恢复：原本美好和欢乐的东西，再次变得美好且欢乐。"（Burnet, 1691, p.376）（伯内特使用了 revolution 一词，这是在 1776 年[1]之前，其时巴士底狱还未被攻占，因此这是牛顿式说法，它指的是转向，而不是剧变。）

循环也体现了一种美学的必要性，因为如果没有对自然中的损耗部分进行恢复的概念，世界就会变得枯竭和扭曲。

如果没有自然的这种回转，这个处于衰退之中的世界

---

1   指美国独立战争。——译者注

就没有什么伟大或可赞叹之处。一年四季，以及春天的新鲜产物，就其本身而言是美好的。但当"大年"（Great Year）到来时，天地万物都有了新的秩序。自然到处都披上了新装，远比最美丽的春天更美丽。这就为世界赋予了新的生命，并显示了创造者的伟大。（Burnet, 1691, p.246）

在讨论大火过后得以恢复的伊甸园时，伯内特对时间之环尤其表示敬意。完美的恢复必须如此精确，以至于只有时间内在的循环性才能为这种恢复奠定基础，因为地形将再次变得平滑，并且是通过同样的方法（将混乱的微粒团体按密度分为同心圈层），而恢复的径向对称将使地轴纠正到其原初的直立位置。因此，地球的所有部分将"恢复到与其在世界之初时相同的情形；这样，'大年'的整体特征就会真正得到表现。……如其所说，在自然或道德世界出现混乱之前，宇宙所有运动的普遍和谐及一致性会随即在'黄金时代'（Golden Age）得以显现"（Burnet, 1691, p.257）。

由于伯内特发展了一套隐喻来描述时间之箭，所以他对时间之环的讨论也援引了一系列的类比来展现历史的另一面。有些是几何学的（与时间之箭的"线"或"通道"形成对比）——"演替的循环""时间和命运的大循环"（Burnet, 1691, p.13）。另一些则援引了源于我们自身经验的季节和年度循环（与将时间之箭赋予人类寿命的类比形成对比）——"自然到处都披上了新装，远比最美丽的春天更美丽"（Burnet, 1691, p.246）；或

者，地质学时间的"大年"（*annus magnus*）尤其如此。时间之
环的双重主题是回转和恢复。

推进循环的解决方式

这两项讨论似乎标志着一种不可调和的冲突。伯内特怎么
能既歌颂时间之箭在认识历史过程中的必要性（见上文"侵
蚀矢量"），又颂扬时间之环在记载神之督导上的作用（见上
文"恢复的必要性"，这一点在描述"侵蚀矢量"时显然未被
认可）？

伯内特用自己的方式[1]来化解这一两难境地，并将两种看似
相反的设定做了结合。他首先描述了一种纯循环，即没有箭的
观点带来的困境。他抨击了古希腊的精确循环重复的概念，指
出"他们把自然的这些回转和更新说成是不确定的或无止境
的：好像大洪水和大火会这样连续发生，直到永远"（Burnet,
1691, p.249）。伯内特认识到，这样的构想破坏了历史的可能
性。"这剥夺了我们讨论的主题，"他说，因为如果每个事件
以前都发生过，并且必须再次发生，那么就不能将其放入叙事
当中。（Burnet, 1691, p.43）豪尔赫·路易斯·博尔赫斯（Jorge
Luis Borges）在《沙之书》（*The Book of Sand*）中巧妙地表达了

---

1 伯内特并没有发明这个论点。他在这里提出了传统的解决方案，在他的时代
   之前（正如我将在关于中世纪图像学的最后一章中讨论的那样）和之后都受
   到青睐（如在黑格尔派和后来马克思主义的循环前进概念中——否定之否
   定，到达新的而不仅仅是重复的状态）。

这种困境——无限的不可理解性。在这个故事中，博尔赫斯用他珍贵的约翰·威克里夫（John Wycliffe）版《圣经》换取了一本神奇的、无限的书。人们找不到它的开头，因为无论你如何疯狂地翻动书页，在你和封面之间永远隔着那么多页；出于同样的原因，这本书也没有尽头。书中有一些间隔 2 000 页的小插图，没有一幅是重复的，博尔赫斯很快就在他的笔记本上列出了这些插图的形式，但依旧无穷无尽，没有终点。最后，博尔赫斯意识到，这本书是古怪且令人厌恶的，他把它永久地丢在了阿根廷国家图书馆的书架上。

这本不可能的书的买家缩影呈现出同样的困境，而伯内特通过驳斥严格的循环并主张使用叙事手法来避免这种困境："如果空间是无限的，我们就可能处于空间上的任何一点。如果时间是无限的，我们就可能处于时间上的任何一点。"

或许箭的意象本身使时间无法理解，但如果自然界是无形的，并因此无法理解，没有循环，那该怎么办呢？伯内特认为，时间之环必须转动，但每一次，各个阶段的重复都会有关键的不同。材料基质不变（因为是同样的东西在循环），但生成的形式往往会在一个明确的方向上发生改变，因而每一次重复都有其独特的、可识别的差异。换句话说，我们可以知道自己处在什么位置，博尔赫斯的悖论因此得到了解决。伯内特回到亚里士多德所犯的错误，并用他最喜欢的舞台隐喻说明为什么我们必须在每一次重复中加入方向变化的元素。时间之环的理论家断言：

　　各个世界的同一性，或者相同性——如果我可以这么说的话，彼此相继。它们确实是由同一种物质构成的，但也会以同样的形式返回。……因此，第二个世界只是前一个世界的简单重复，没有任何变化或不同……就像在同样的舞台上，面对同样的观众，重演一出戏。（Burnet, 1691, p.249）

然后，伯内特将时间之环设计成"显而易见的错误……容易纠正"的纯粹形式。（Burnet, 1691, p.249）自然和《圣经》在每一组循环中都强加了一个历史的矢量，确保没有任何一个阶段可以完全重复前一个循环的对应过程：

　　无论我们是否考虑到事物的本质，地球在被火或水分解后，都不可能恢复到之前的形式和样态。或者，无论我们是否考虑天意，它都不可能按照神性智慧与正义，将其最近谴责和摧毁的那些场景和人类事务的过程再次搬上舞台。因此，我们可以确信：在一个世界解体后，新的事物秩序总会出现，无论基于自然还是基于天意。（Burnet, 1691, p.249）

在关于第二个或未来循环的讨论中，伯内特在重复元素（显示秩序和计划）和差异元素（使历史具有可识别性）之间建立了一种微妙的相互作用。水和火的大灾难（他都称为灾难）看起来如此不同，但他却指出，这两种破坏之间有着具体的相似性。两者都是全球性的，都需要来自地球表面之上和之下的结合：

天上的雨水与冲破地壳的上涌水层相遇，天上的闪电、地下的火焰和火山爆发的熔岩结合在一起："在水和火这两种大灾难之间可以形成很强的类比关系，不仅是它们的界限之间……而且是它们所依赖的、自上和自下的普遍原因及来源之间。"（Burnet, 1691, p.277）

但历史的变化在这些惊人的相似性中创造了独特性。叙事细节使每一次重复都成为一个独立的故事。火和水的破坏方式不同："地球必须沦为一团流体，具有混沌的性质，就像其原初的样子，但此处最后的混沌将是火的混沌，就像那时是水的混沌一样。从这种状态中，它将再次出现在一个天堂般的世界中。"（Burnet, 1691, p.288）

伯内特不仅希望发现各循环之间的简单差异，他还试图探索一个前进过程的矢量。火带来的毁灭必须催生出比最初的伊甸园更加美好的东西，以此循环往复。伯内特声称，火可以起到净化和纯化的作用，比地球上曾经发生的第一个循环中的任何一个过程都更加充分："大自然在这里以同样的方法重复着同样的工作，只是现在的材料更精练一点儿，并已被火净化。"（Burnet, 1691, p.324）

我们现在明白了，为什么伯内特的卷首插图可以如此清晰简洁地表现出其体系的实质。它展示了现在和未来之间的详细对应关系，即我们行星进程的两大循环，但历史在循环往复中不可阻挡地向前发展。基督左脚下方那黑暗的混沌，标志着我们的开始，而在我们结束的时候，明亮的恒星闭合了"大年"的循环。

从时间之箭和时间之环看伯内特和斯泰诺
作为智识伙伴

由于我们常常通过个人来展现普遍观点，所以伯内特被迫在教科书历史中扮演另外一个不悦的角色。他成了起阻碍作用的象征，崇拜《圣经》，以及其中"摩西五经"里的时间尺度和奇迹爆发。他的同代人尼古拉斯·斯泰诺与他形成了传统上的对比。这位伟大的丹麦学者（后来成为主教，该转变被普遍认为是反常和倒退的举动）在 1669 年出版的《导论》标志着现代地质学的传统开端。我们知道斯泰诺成功了，因为他采用了现今如此推崇的科学方法的普遍程序。《导论》标准译本导言称斯泰诺是"主导现代科学的观察法之先驱"（Hobbs, 1916, p.169）。译者补充说："在一个奇妙的形而上学盛行的时代，斯泰诺只相信基于实验和观察的归纳法。"（Winter, 1916, p.179）

伯内特于是成为那些"形而上学推测谬论"的象征（Winter, 1916, p.182），这与斯泰诺形成了鲜明对比，后者在转向灵魂之前拯救了科学。因此，我们从芬顿夫妇那里了解到，伯内特没有给科学带来任何好处，作为一个普通的思想家，"不能与斯泰诺相提并论"（Fenton and Fenton, 1952, p.22）。戴维斯则从严肃一改为荒诞，指出："我们现在必须从斯泰诺的智慧转向托马斯·伯内特设计的充满幻想但却具有独创性且极其流行的地球理论。"（Davies, 1969, p.68）

然而，当我重读斯泰诺以便思考时间隐喻时，我意识到有一组显著的相似性，可以将伯内特的《圣经》全景与斯泰诺的观察论述结合起来，只是这些相似性被后来的话语传统掩盖了。但我相信，它们比显而易见的差异更加重要。[1]

为了把握这些相似之处，我们必须把注意力集中在《导论》第四部分的最后一节——关于托斯卡纳的地质史。教科书式评论者认为这部分内容比较尴尬，因而通常会省略或在提及时表示歉意（霍布斯称其为“薄弱的结论，旨在证明其立场的正统性”；Hobbs, 1916, p.170）。批评者认为这个部分令人失望，因为斯泰诺既宣称他的地质史与《圣经》中的事件相一致，又声明他遵从简短的“摩西五经”年表。（Hobbs, 1916, p.263）（这些立场当然代表了他与伯内特的重要相似性，但这不是我想强调的一致性。）

为了更好地理解斯泰诺的体系，我们可以再次翻阅一幅插图——他针对托斯卡纳历史的六个阶段所绘制的缩略图。我采用大多数评论者可以看到的唯一形式来呈现（图2.9）：一部标准译本（Winter, 1916）和至少两部重要历史著作的副本（Chorley et al., 1964, p.10; Greene, 1961, p.60）。

在这个版本中，我们可以从一个由六个阶段组成的垂直序

1　我不想轻视这一中心区别，即伯内特很少记录个人的（也没有野外的）观察结果，而斯泰诺则描述了矿物标本并讨论了托斯卡纳的地貌走向——不过他的用语如此宽泛和笼统，以至于我没有发现任何现代意义上的广泛野外调查的证据。这种区别在后来的发展中变得至关重要，但在理论结构上被忽视的相似性也提供了很多启示。

列中很容易地看到斯泰诺描绘的历史。就像通常讲述地球那样，他使用了常见的时间之箭的方法，讲述了一个由明确方向牵引的连续事件的故事。我们可以在图 2.9-25 中看到地球的原始状态，它被水覆盖，巨大的盆地接收着沉积物。（严格来说，斯泰诺在这里只记录了托斯卡纳的历史，但他说整个地球都遵循同样的模式："我从自己考察过的许多地方推断出了关于托斯卡纳的事实，我也从不同作者对不同地域的描述中确定了整个地球的历史。"Steno, 1916, p.263）然后，地下水和地球的内部运动在沉积物堆中造成空隙，这使上层完好无损，却挖空了下面的地层，导致了一种不稳定的状态（图 2.9-24）。地壳塌陷到空隙中（图 2.9-23），而挪亚洪水上升，新形成的盆地沉积了另外一堆沉积物（图 2.9-22）。在洪水过后的平静时期，新的沉积物堆中再次出现空隙（图 2.9-21），洪水沉积的地壳最终塌陷，进入内部空间，形成了我们今天看到的地球（图 2.9-20）。

斯泰诺对时间之箭的推崇不仅体现于他的插图，他还详细探讨并捍卫了这种看待历史的一般方法，且以伯内特所使用过的相同论证。斯泰诺同意伯内特的观点，即重建地球的过去，必须依靠以物体当前形式保存下来的历史迹象。我们必须了解"某一事物的当前状况以何种方式揭示了同一事物的过去状况"（Steno, 1916, p.262）。作为他的主要标准，伯内特提出将地球表面的混乱看作从原初完美状态变化的明确标志。斯泰诺使用了同样的论据。他设想的原始地球是一堆平滑的沉积物，而其遭受的破坏提供了明确的历史准则："今天在地球表面看到的不平

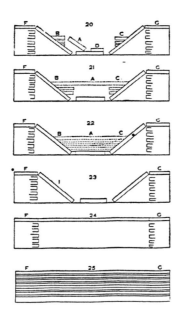

图 2.9 斯泰诺的托斯卡纳地质史，在英译本中被重新安排，大概是为了符合后来的地质学传统（而不是斯泰诺的概念），即时间是一个线性序列。

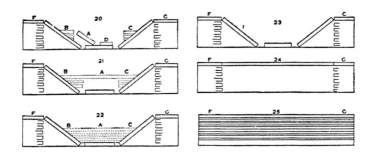

图 2.10 斯泰诺原始版本中的托斯卡纳地质史，被安排为两个平行的列。

坦，本身就是不同变化的明显特征。"（Steno, 1916, p.262）

　　如果只是依赖现有版本的插图，我可能永远无法掌握斯泰诺概念的丰富性，或发现它与伯内特的相似之处。然而有一天，出于审美乐趣，也作为一种神圣的仪式，我翻开了《导论》原版副本的所有书页。当我看到斯泰诺自己版本的托斯卡纳历史（上页图 2.10）时，我立即注意到其与后来副本的不同之处，但我起初并没有意识到这种改动的意义。

　　斯泰诺没有将六个阶段归为一列，而是分成了两组，每组三个，一组在另一组旁边。后来的历史学家根据现代惯例重新调整了这个图示，地质时间作为一组地层向一个方向流动，最古老的位于底部。我只能假设，他们不认为斯泰诺的选择有着特别的意义，因为没有人对这种重新排列做过评论。也许他们认为斯泰诺的图示之所以（依照现代惯例来看）排布得如此奇怪，是因为他不得不把所有六个阶段都放在一张纸的下部，也就是几个晶体图片的下方，所以没有足够的空间来容纳一个垂直序列。也许是因为，图示作为历史文献通常显得无足轻重，所以他们几乎没有考虑过这个问题，只是像任何现代地质学家那样简单地对图示进行了调整。

　　我把这种差异记在了脑海里。直到开始认真思考时间隐喻之间的关系时，我才体会到其重要性。重新调整的垂直序列是现代惯例的时间之箭。它反映的是占有主导地位的时间隐喻，而且看起来如此"正确"，以至于我们认为斯泰诺自己的排列方向无关紧要，或不过是受制于空间做出的奇怪安排。但是，对斯泰诺文本的研究，以及对早期地质学家如何看待时间之箭和时间之环的一般观察，可以证明斯泰诺是有意为之。

在讲述托斯卡纳的故事时，斯泰诺并没有将其关注点局限在叙事上。他还试图发展一种关于地球历史的循环理论。这六幅静态图所形成的是两个各有三阶段的循环，而不是一个线性序列。每个循环都经历了相同的三个阶段：沉积为一组均匀地层，地层内空隙的挖掘，以及顶部地层坍塌到被侵蚀的空间，从最初的平滑到杂乱、没有规则的表面。斯泰诺的文字将他的图形解释得更加清晰。他的叙述可能按顺序讲解了这六个阶段，但请注意他对两个循环的相应阶段认真地重复了一些词语。对于地层的第二次沉积（如图 2.10-22 所示）："在 BAC 平面形成的时候，其下方是其他若干平面，整个 BAC 平面被水覆盖；或者可以说，海平面在某一时期高过了最高的沙丘。"（Steno, 1916, pp.262-263）对于地层的第一次沉积，如图 2.10-25（斯泰诺按照与当前惯例相反的顺序，从最新形成的地层讲述到最古老的地层）："当 FG 平面形成时，水状液体铺在上面；或者说，最高山峰的峰顶面一度被水覆盖。"（Steno, 1916, p.263）

在他的总结陈述中，斯泰诺写的主要是重复，而不是顺序。"因此，我们认识了托斯卡纳的六个不同方面，其中两个是流动的，两个是平坦干燥的，两个是破碎的。"（Steno, 1916, p.263）

此外，斯泰诺在对循环性历史进行辩护时，没有局限于托斯卡纳的数据。他还提出了一个综合性论点，来说明循环性重复是时间和自然过程的内在属性："不能否认的是，正如地球上所有的固体在万物开始阶段都曾经被水状液体覆盖一样，它们也可能第二次被水状液体覆盖，因为自然事物的变化确实是恒定的，而在自然里，没有任何东西被还原为无。"（Steno, 1916, p.265）

但其与伯内特的相似之处不止于此。基于我之前所谓博尔赫斯的无限困境，伯内特还为两个隐喻的适度整合提出了一个强有力的论据。斯泰诺以同样的方式处理了潜在的张力，论证了有区别的重复。他还使用了同样的两个标准来评估这些差异——叙事性和矢量性。

斯泰诺甚至追随伯内特，坚持认为循环之间必须存在差异，这样才能使时间具有可识别性；否则，每个新的循环都会精确地重复上一个序列，而我们将永远无法知道自己在历史进程中的位置。因此，斯泰诺（他因出色地写了关于沉积性质的文章而获得其一生最高的声誉）表示，如果第二个循环的地层与第一个序列的地层没有内在差异，我们就没有标准来区分这些循环，除了看地层的叠加，即发现一组地层直接位于另一组地层之上。（而且，每个地质学家都知道，我们的沉积记录并不完善，因而很少能够提供这种直接证据。我们必须能够从内在证据中对每个循环进行识别，因为我们在任一地点通常只能发现一个循环的岩层。）

随后，斯泰诺用伯内特的叙事准则提出了一个内在标准。他指出，第一个循环的地层不包含化石（作为创造生命之前的原始地球的产物），而第二个循环的地层包含在大洪水中被摧毁的植物和动物的遗迹。"因此，我们必须始终回到这样一个事实：在那些［第一循环］地层形成的时候，其余的地层还不存在……所有的东西都被不含植物和动物也不含其他固体的液体所覆盖。"（Steno, 1916, p.264）

然后，斯泰诺援引了伯内特的第二条历史准则——寻找矢量。他认为有两个矢量为时间提供了方向。首先，每一个新的地层序列在地理范围上变得更加局限，因为它是在上一个循环的塌陷地壳留下的空间内形成的。第一组覆盖了整个地球（图 2.10的右下角），第二组（左下角）只填充了中心部分。[1]其次，每一次连续的塌陷都会使地球表面更加不平整（对比右上方的第一个循环与左上方的第二个循环），而通过相对于原初平滑的逐步偏离，就可以了解我们在时间之箭上的位置："地球表面的崎岖减少了，这是因为更接近于它的原初状态。"（Steno, 1916, p.267）

人们通常认为，伯内特和斯泰诺的两种地质学理论极为不同，从道德意义上也几乎对立成为他们那个时代最好和最差的理论。但我们可以总结出伯内特和斯泰诺之间的具体相似之处：

（1）两者都使用自然和《圣经》的联合证据来叙述地球的历史。斯泰诺关于这种双重方法的表述与之前所引伯内特的表述没有什么不同："关于地球的第一个阶段，我们从《圣经》和自然中可以得出一致结论，即所有的东西都被水覆盖；这个阶段是如何以及何时开始的，持续了多长时间，在自然中无迹

---

[1] 现代地质学家可能会反驳说，这种渐进式的制约很快就会使一个古老地球的地层空间减小至无。但斯泰诺理论中的地球是一个年轻的行星，只经历了两个循环，其潜在的存续期有限。

可寻，《圣经》则有相关讲述。"（Steno, 1916, p.263）

（2）两人的地质学系统都引用了相同的基本力学原理——地壳塌陷理论（可能是从笛卡尔发展而来的）。两人都认为地球最初是光滑的，具有同心性。他们都将洪水解释为从地壳下的同心圈层中上升之水与《圣经》中记载的长期天降暴雨的结合。两人都认为，洪水使原本光滑的地壳坍塌到水位上升所留下的空间，从而塑造了当前的地形。两人都缺少修复的概念，而把地球的历史说成是从最初的光滑表面到越来越不规则的偏离。

（3）最重要的是，伯内特和斯泰诺都将地球的历史解读为时间之箭和时间之环的迷人结合。两人都通过典型图示，把这些显然冲突的隐喻融合在一起，形成一个有趣的组合。伯内特展示了一个地球之环，而不是一条线。斯泰诺画了平行的两列，而不是单一的序列（尽管后来的历史学家对他的图形进行了重新调整，并掩盖了这一基本特征）。在两人看来，虽然历史作为一组循环在转动（时间之环），但每次重复必须有所区别（时间之箭），以便通过赋予历史一个方向使时间具有可理解性。

最后的评论将隐秘而简洁，因为我会在最后一章详细阐述。时间的每一个隐喻都体现了一种伟大的智识洞见。时间之环寻求的是内在性。这组原则如此普遍，以至于它们存在于时间之外，并在自然界所有丰富的特殊性中记录了一种普遍的特征、一个共同的纽带。时间之箭是历史的伟大原则。它指出时间不可阻挡地向前发展，一个人确实不能两次踏入同一条河流。尽管永恒的原则可以制约某些局部以及抽象之物，但历史在整体上具有绝对的独特性。

　　时间之箭必定会在适当的时候摧毁伯内特和斯泰诺的固化数秘方案（numerically rigid schemes）——明确的循环数量，附带可预测的重复阶段。只有当高明的秩序管理者掌管着宇宙并建立法则，使历史的产物以这种简单而严密的模式展开时，一颗行星的历史才会遵循伯内特的圆环或斯泰诺的平行线。达尔文所想的真正偶然的历史，也就是最充分意义上的时间之箭，是由复杂的、独特的、不可重复的事件组成的，这些事件因为各种复杂的原因（和大量的随机性）串联成一条单向链条，形成奇特的序列。达尔文的这种想法使得伯内特和斯泰诺的数秘方案有悖于其他可被接受的地球时间的概念。对于那些想在时间的产物中寻求这种简单秩序的人，我们不能提供比"只是历史"更深刻的反驳了。但是，时间之环也有自己持续的力量，而我们必须在其他形态中寻觅其踪迹。

第三章

詹姆斯·赫顿的地球理论：
没有历史的机器

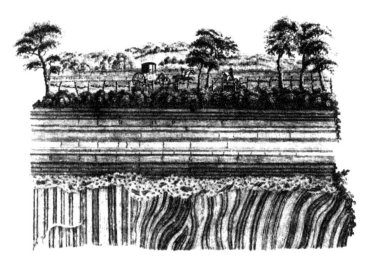

图 3.1　埃尔丁的约翰·克拉克的著名版画，苏格兰杰德堡的赫顿不整合。

描绘无尽的时间

世界如此复杂，理解它需要各种各样的能力，最聪明的人常常也需要别人提供他所缺乏的能力。正如历史上很多伟大情人都有代表人物，让其外貌匹配他们诗歌中的美一样［如悲剧《西哈诺》（*Cyrano*）等］，有些科学家需要如鲍斯韦尔般的人将他们的绝妙想法以容易理解的方式展现出来。詹姆斯·赫顿的《地球理论》标志着深时在英国地质思想中的传统发现，但是，如果他那难以理解的论著没有经过他的朋友约翰·普莱费尔（一位杰出的散文家）在《赫顿地球理论的阐释》（*Illustrations of the Huttonian Theory of the Earth,* 1802）中的解释，恐怕早已沦为历史的脚注。

普莱费尔在一个为人熟知的段落中描述了一项伟大的地质学发现，这个发现是赫顿在 1788 年展示给他的，甚至连解释都算不上。赫顿当时已经将我们现在所谓不整合看作无尽时间最显著的野外证据。普莱费尔描写了赫顿之后在其论著插图中描述的现象，自此，该现象受到重视，人们开始引用，将之视为人类知识的转折点（比如本章图 3.1 和约翰·麦克菲《盆地和山脉》的卷首插图）。

对于第一次见到这些现象的人来说，很难忘却它所留下的印象。……我们常对自己说，如果我们真的看到这些岩石从海底深处形成，那还有什么更清晰的证据能表明这些岩石的不同地层，以及它们形成的间隔时间长短。……
更遥远的变革出现在这个不同寻常的视角深处。如此凝视
时间的深渊，心神似乎变得眩晕。

不整合是化石侵蚀面，是在岩石的形成中把时间分成两期
的间隔。不整合直接证明我们地球的历史包括几个沉降与隆升
的循环。

我在导论课程中仍旧使用赫顿的图示来解释一个原理，这
个原理因其优雅在 20 年来每年的重复中让我一直感到惊艳：一
旦你理解地层沉积的基本规律，历史复杂的全景图像就可以从
经纬交错的简单几何中推导出来。我可以列举十几个不同事件，
这些事件一定发生过并形成这种几何，而赫顿的不整合是其
关键。

大片的水成地层必须水平（或接近水平）沉积，因而下面
的纵向序列以垂直角度升至当前方位。然后，这些地层会破裂、
隆升并抬起至纵向，形成高出海平面的陆地。陆地侵蚀，产生
不整合自身的不平坦表面。最后，海洋再次隆升（或陆地下沉），
波浪再次冲平老的表面，产生垂直地层的卵石"圆砾岩"。在
海底，水平地层作为第二次循环的产物再次形成。接着，另一
轮隆升再次将这些岩石抬起到海平面以上，但这次不会破坏或
倾斜地层。（原始海洋地层的水平面上画出了敞篷马车和孤独骑
士相遇的情景，赫顿以此提醒我们一定要推断出第二幕隆升。）
因此，我们在这一简单的水平高于垂直的简单几何形状中看到

伴随两次隆升的两次沉积循环，第一次隆升激烈，第二次和缓。

　　学生很容易掌握这一延伸推理，他们也确实喜欢这一点。更难传达的是包含在这推测出的历史中的变革概念，因为赫顿的工作有助于将这个概念纳入现代思想的常识。变革体现在与之前的地质理论的比较中：之前的地质理论没有包括隆升机制，将我们行星的历史视为不间断侵蚀的简短故事，就像原始地貌的山体垮塌进海洋。这个争论没有让《圣经》崇拜和科学思维形成对立，就像经常被误解的那样。因为正如我上一章提到过的，斯泰诺的力学观点与 17 世纪其他地质学研究一样，认为持续侵蚀的主题是历史的构成原理。

　　然而，争论的中心仍是时间之箭和时间之环。我认为，赫顿得到基本推论，不是通过野外的敏锐观察，而是先验地给地球强加一个地质学中最纯粹、最严格的时间之环的概念。事实上，这个概念如此严格，以至于需要通过普莱费尔的重塑才获得认可。普莱费尔弱化了其已故好友强硬且非常反历史的观点，帮助赫顿获得成功。

　　无论如何，这幅图示及其呈现的不整合，作为时间之环和古老地球的首项直接证明，具有其重要意义。人们可以提出大量理论（正如赫顿所为）来说明热量在地层隆升时的作用，但不整合显然证明了地球不会在一夕之间衰退至毁灭；相反，随着隆升发生的衰退，时间使得侵蚀产物发生系列循环，用赫顿最著名的话说："找不到开始的痕迹，也没有结束的前景。"（Hutton, 1788, p.304）

赫顿的世界机器与深时的条件

詹姆斯·赫顿有幸生活在一个罕见的时空交点，在那个没有过多天才的世界里，关键人物为了共同目标而聚集一堂。我愿意出卖人性所有的优点，只为变成墙上的一只苍蝇，聆听富兰克林和杰斐逊探讨自由，列宁和托洛茨基交流革命，牛顿和哈雷畅想宇宙的形状，或是在达尔文家中见证他招待赫胥黎和莱尔。赫顿家境富裕，可以做全职学者。那时爱丁堡是欧洲的思想中心，大卫·休谟、亚当·斯密和詹姆斯·瓦特更为其增色。赫顿属于18世纪思想家中非常罕见的类型，博学多才，懂得其所从事领域的所有知识，哲学和科学的知识丰富，且游刃有余（这一特点没有得到赫顿同时代人的认可）。赫顿的大部分一般性论著至今没有出版，我们无法了解他更多的观点。但他把大部分精力投入发展一种理论，即地球是有目的地作为一个物理实体而存在。他因此成为现代学科分类下的一位地质学家，并根据现代神话成为"地质学之父"。

赫顿获得"地质学之父"的称号是因为一项英语传统[1]将他称为首位深时发现者，而且所有地质学家骨子里都知道，我们这个行当里没有比这更伟大的发现。

对历史学家来说，赫顿的散漫风格带来的优点是重复。你

1　我指的是语言，不是国籍。我知道苏格兰不是英格兰，也不希望按照普遍的英语解释传统来写英式英语（British）。

总是能明白他所考虑的重点，因为他会一再重复。在《地球理论》数千页内容的主题里，没有几个像他对无尽时间的好奇和信念那么被广泛谈及。这个主题甚至提取了一些精雕细琢、令人印象深刻的语句，它们源自一位以伟大思想家中文笔最差而闻名（我认为不公正）的人。来看这两句最著名的话：

> 时间衡量我们想法中的一切，我们的计划也常常缺乏时间。时间本质上是无穷无尽的，是虚无缥缈的。（Hutton, 1788, p.215）

以及 1788 年论著中铿锵有力的最后一段：

> 如果多个世界的连续是建立在自然系统中，那么寻找超出地球来源的任何东西都是徒劳的。因此，我们当前问题的结果是：我们找不到开始的痕迹，也没有结束的前景。（Hutton, 1788, p.304）

深时在赫顿理论构成中的作用已被充分讨论且经常提及，我在此仅提供最简要的提纲：通过认识到很多原以为是沉积物（衰退的产物）的岩石的火成性，赫顿在地质史中加入了修复的概念。如果隆升能恢复被侵蚀的地貌，那么地质过程就没有时间限定。波浪和河流产生的衰退可以补救，陆地通过隆升的力量回到原有高度。在形成和破坏的无限循环中，侵蚀之后可能发生隆升。

赫顿将地球形容为一台机器——一台特殊的机器。有些机器的零件一旦无法修复，机器就会损坏。但赫顿的世界机器以一种特殊的方式运行，可以防止任何老化。需要某种东西启动系统（赫顿认为这个问题超越了科学范畴），而一旦启动，机器就会自动运行，永不停止，因为该循环内的每一阶段都会直接触发下一阶段。正如普莱费尔所述："自然的创造者没有制定像人的规则一样、本身就带有自我毁灭因素的宇宙法则。他不允许自己的作品中有任何幼年或老年的表征，任何我们可以估算其未来或过去时间的标记。"（Playfair, 1802, p.119）

赫顿那自我更新的世界机器无限地重复运行着三阶段的循环。第一阶段，地球地貌随着河流和波浪分解岩石发生衰退，形成陆地上的土壤，并将侵蚀产物冲刷到海洋。第二阶段，旧大陆的碎片沉积形成海洋盆地的水平地层。随着地层变厚，其自身重量产生充足热量和压力，使得下层发生移动。第三阶段，熔化沉积物产生的热量和侵入的熔岩使得物质"以惊人的力量"膨胀（Hutton, 1788, p. 266），产生大面积隆升，在原是海洋的地方形成新的陆地（同时旧陆地被侵蚀的区域变成新的海洋）。

每个阶段自动引出下一阶段。堆积的沉积物重量产生足够的热量巩固地层，然后使其隆升；接着，隆升的陡峭地貌必然随着波浪和河流的运动而受到侵蚀。时间之环统治着这个侵蚀、沉积、巩固和隆升的世界机器；大陆和海洋在这种缓慢的舞步中发生迁移变化，永不停息，甚至永不老化——只要有更大的力量维持当前自然规律的秩序。深时成为一个从世界机器运行得来的简单推论。

赫顿传奇

查尔斯·莱尔对地质史的自利改写（见第四章）需要某种类型的英雄来实现，而赫顿是最符合要求的人选。简单的沙文主义决定了英国人的性格，赫顿胜出（尽管他的《地球理论》中近一半的内容都是来自法国的冗长且未翻译的引文）。赫顿从未被大陆地质学家视为重要人物。我认为，在1807年伦敦地质学会成立后，他甚至都没有对英国地质学的蓬勃发展和专业化产生太大影响。因为第一代学者所专注的，正是赫顿所回避的那种历史探究（见本章最后一节）。赫顿的至高权威满足了后来的需要。

莱尔对历史的建构将科学地质学的出现描述为均变论的胜利，它战胜了之前那些基于无法检验的灾难和其他异想天开的提议因而毫无结果的推测，这些提议使用不再影响地球的原因来解释过去。莱尔的观点需要一个作为经验主义者的英雄，一个愿意在该领域耐心做烦琐工作，并从观察到的现象中建立适当的理论进行归纳总结的人。赫顿被迫为科学史上英雄主义传统所犯下的最明目张胆的错误服务。赫顿象征着对抗保守力量的野外工作的奥秘。

在这个标准的神话中，赫顿发现了深时，因为他阐述了经验地质学的基本原则，并据此从他的野外调查中得出两个中心结论。我们被告知，赫顿提出了均变论原则，在教科书的问答式教学中，这一原则被粗略地翻译为"现在是认识过去的钥匙"。根据该指示，赫顿随后观察到：首先，花岗岩必须是侵入岩，而不是沉积岩（因此是隆升力量的反映，而不是衰退的产物）；其次，不整合为多次隆升和侵蚀的循环提供了直接证据。赫顿以这两个重要观察结果为基础，从野外证据中得出了世界机器的循环理论。

赫顿的传奇没有马上开始。莱尔对他的评价很高，但主要是称赞他为一个试图将牛顿纲领从空间扩展到时间领域的人，而非一个伟大的经验主义者。（Lyell, 1830, I, pp.61-63）在一封私人信件中，莱尔评论说，赫顿的体系并没有明显超过胡克或斯泰诺。（Lyell, 1881, II, p.48）

阿奇博尔德·盖基爵士的《地质学奠基人》（*The Founders of Geology*, 1897）一书不仅将伯内特分类为"恶人"，将经验主义神话以其最有影响力的形式呈现，还将赫顿的成就提升到了标准形式。盖基描述的赫顿是一个客观性的典范，一个纸板式形象："在赫顿的全部学说中，他极力避免承认任何不能建立在观察基础上的原则。他从不做假设。他推论的每一步都基于真正的事实，并将事实予以安排，从而自然地从中得出结论。"（Geikie, 1905, pp.314-315）作为向地质学的原始奥秘致敬的方式，盖基确定了这些野外严谨观察的来源："他行走到很远的地方去寻找事实真相……他前往苏格兰的不同地区旅行……他同样将他的旅行范围扩展到英格兰和威尔士。30多年来，他从未停止研究地球的自然历史。"（Geikie, 1905, p.288）盖基随后认为他的苏格兰同胞的理论是"一个清晰的体系，可以说，地球成了她本身的诠释者"（Geikie, 1905, p.305）。

　　盖基所描述的神话赫顿，从此牢牢刻印在地质学教科书中。地质学学生至今仍然称其为地质学第一位真正的经验主义者，因而是我们这门科学的创始人。"第一个正式打破宗教笼罩传统的正是詹姆斯·赫顿。"CRM教科书《今日地质学》（*Geology Today*, 1973）中写道。作为多年来最畅销教科书的作者，里特和加斯顿直截了当地评论道："1785年，詹姆斯·赫顿制定了一个原则，即现在进行的物理过程过去也曾同样进行，现代地质学诞生了。"（Leet and Judson, 1971, p.2）马文使用赫拉克勒斯的伟业（labors of Hercules）中的污秽隐喻写道："他以清除地质学的奥格阿斯马厩（Augean Stables）中1 000多年来顽固的灾难论学说为己任。"（Marvin, 1973, p.35）

　　在盖基的引领下，赫顿在野外考察中体现出的伟大洞见得以跃然纸上。布拉德利（Bradley, 1928, p.364）写道："赫顿的'理论'仅使用了归纳推理方法。他让地球讲述了自己的故事。"瑟菲特和瑟尔金（Seyfert and Sirkin, 1973, p.6）在另一篇主要的介绍性文献中，将赫顿所有的成功归因于他的野外调查，同时将他所有的失败归因于他的写作："尽管赫顿的想法得到了仔细的野外观察的支持，但他的行文太过晦涩，以至于没有得到广泛阅读。"

但对赫顿神话最有力的复述不再局限于传统文本的单行文字。出于其自己的可敬原因（我曾经阅读过他对自然的普遍浪漫的看法，以及在一个空前危险的时代保护自然美景的承诺），约翰·麦克菲使用赫顿作为例子来传达野外调查的奥秘，将其描绘为既是科学同时也是美学。在《盆地和山脉》中，麦克菲探讨了地质学的两大革命——深时和无休止的运动（体现为板块构造）。因为跟随该领域的地质学家经历了第二次革命，他以敏锐的感知（和优美的散文）渲染了板块构造理论。然而，由于在第一次革命中使用标准历史作为参考，他对赫顿神话做了自盖基以来最有文采的复述。

麦克菲将赫顿及其对手视为地质学一种现代张力的前兆（一种带着长长枝蔓的二分法，因为它也激发了浪漫主义进路与机械论进路，或整体程序与分析程序等的基本对立）：一边是数学能力强但对岩石知之甚少的学者操作着实验室的复杂高端设备，另一边是"老式"的野外观察。在盖基本人的推动下，赫顿在关于花岗岩的争论中的主要对手亚伯拉罕·戈特洛布·维尔纳（Abraham Gottlob Werner），被描述成枯燥无味的实验室威胁的原型：

　　一些当代地质学家在维尔纳身上发现了所谓黑箱地质学家的特征：夏天，穿着白色实验服的他们在地下室里观摩像北极光一般闪烁的价值百万美元的控制台——因为维尔纳的"第一幅岩石分类草图表明，当时他对野外岩石的实际了解是多么浅显"。阿奇博尔德·盖基爵士评价他是一位颇有造诣的地质学家，但他锤子的锋利一端似乎沾了点儿墨水。（McPhee, 1980, p.94）

（我发现这个比喻特别能说明问题，因为它非常不恰当。维尔纳是一名讲师兼采矿工程师，在他那个时代，实验室人员并没有花哨设备可以吹嘘。这种错误的比较，无非是一些地质学家将他们不喜欢的东西与过去被蔑视的东西等同起来。）

相比之下，赫顿耐心、直接地观察自然来塑造现代地质学。世界机器的循环理论在岩石中慢慢"呈现"，如麦克菲所写：

> 无论他在何处，都会不由自主地被河床、切堤、沟渠、取土坑、海岸露头和高地悬崖吸引。如果他在诺福克（Norfolk）的白垩上看到黑色闪亮的燧石，在切维厄特丘陵（Cheviot hills）上看到蛤蜊化石，他会好奇它们为什么会在那里。他开始全神贯注于研究地球的运行，并且开始辨别在动态循环中衡量出的渐进、重复过程。（McPhee, 1980, pp.95-96）

赫顿反驳了他的传奇

传统的论点是，赫顿的野外观察，特别是对花岗岩和不整合的观察催生了他的世界机器的循环理论。当我们认识到赫顿自己的记录显然与他的传说不符时，这种传统论点变得更加难以理解。

简单的年表就已经足够说明问题。赫顿于 1785 年 3 月 7 日和 4 月 4 日向爱丁堡皇家学会介绍他的地球理论，并于当年晚些时候发表了一篇摘要，这篇摘要基本上以最终形式描述了该理论。第一个完整版本载于 1788 年的《爱丁堡皇家学会会刊》（*Transactions of the Royal Society of Edinburgh*）第 1 卷，随后在1795 年，长篇的（传统上来说难以阅读的）两卷本《附有佐证和插图的地球理论》（*Theory of the Earth with Proofs and Illustrations*）出版。

赫顿于 1787 年在兰萨湖（Loch Ranza）首次观察到不整合，同年晚些时候在特威德盆地（Tweed Basin）看到一个实例，这也是埃尔丁的约翰·克拉克（John Clerk）的版画主题（图 3.1）。1788 年，赫顿在西卡角（Siccar Point）发现了著名的不整合，并带他的朋友乘船去观看，从而激发了普莱费尔对"时间深渊"（the abyss of time）的敬畏。

当他在 1785 年提出他的理论时，赫顿只在野外的一个信息不足的位置观察过花岗岩。那年夏天，他游览了几个更好的地点，包括格伦坡（Glen Tilt）的露头。他根据在格伦坡进行的观察（图 3.2）得出了花岗岩脉侵入当地片岩、形成细长指状岩丛的结论。（如果花岗岩是一种沉积岩，则不可能强行深入上覆片岩的无数角落和裂缝中。赫顿据此推断，花岗岩一定是从下方

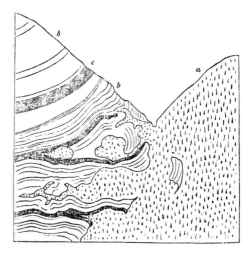

图 3.2　格伦坡的花岗岩和石灰岩交界处。查尔斯·莱尔《地质学原理》（1830）初版中的一幅图，展示了赫顿发现大量侵入旧沉积物的花岗岩指状物、证实花岗岩火成性的著名地点。

a 花岗岩　　　　　b 石灰岩　　　　　c 蓝色砾岩片岩

以熔融形式侵入的。它一定比片岩年轻，是后来的而非较早的隆升力量，是地球原始构造的标志。）

　　因此，正如戴维斯在对经验主义神话的精湛剖析中所论证的那样（Davies, 1969），赫顿在尚未看到不整合且仅在一处不确定的露头观察到花岗岩时，就将他的理论发展到了最终形式。

　　如果赫顿本人信奉野外考察的奥秘，并且后来试图捏造他的关键观察结果的派生特征来掩盖其理论的先验特征，我们可能仍会支持经验主义神话的较弱版本。至少，理念是完美无缺的。

　　即使这个版本，在赫顿自己的坦率面前也失败了。他自豪地介绍了他的理论，从现代科学中毫无立足之地的关键前提里推导出来的理论（见下一节）。之后，作为对这些想法的追加确认，他讨论了他的观察结果。他关于花岗岩的陈述十分明晰："我刚好在彼得黑德和阿伯丁看到过花岗岩，仅此而已。但这些就是我在写《地球理论》（1788 年版）时见过的所有花岗岩。从那时起，我在不同的地方看到过花岗岩，因为我是特意去检查它们的。"（Hutton, 1795, I, p.214）至于不整合，赫顿在章节标题中明确体现了它们的派生地位，以供讨论："从观察中确认的理论，目的是阐明主题。"（Hutton, 1795, I, p.453）

事实上，当 19 世纪早期地质学领域确实被强烈的经验主义传统影响时，赫顿的学说曾一时声名狼藉。与赫顿时代接近的人们将他列为投机时代一位过时的体系构建者。居维叶在 1812 年的初步论述中只有一段文字提到了赫顿，将他列为近代六位体系构建者中的第二位。居维叶评论六位构建者，认为他们对自然科学事业的奉献精神仅仅好过纯粹投机的前人，但仍处于空想传统中，并且互不相容，因为这种不充分的方法论无法达成共识。[1]

1817 年，《布莱克伍德杂志》（*Blackwood's Magazine*）呼应了新的经验传统，并将赫顿的学说视为完全无法接受的论述："如果他研究自然科学，然后再进行理论化，他的天才说不定可以解决许多疑难，但从他自己的作品中可以明显看出，他经常

1　居维叶关于赫顿循环世界机器的生动概括值得复述一遍："山上的物质不断退化，被河流冲进大海，在海底发生改变，在巨大的压力下受热，并形成地层，而使它们变硬的热量总有一天会再次爆发。"

颠倒这个顺序。"戴维斯的判断很苛刻，但我认为并没有夸大或错位："错误的标题，形式匮乏，拘泥于文字，缺乏野外证据，整体并无特色。许多仅通过赫顿的论述才了解该理论的人，一定认为它是一个有点儿过时的空想地质学家做出的毫无价值和难以消化的幻想。"（Davies, 1969, p.178）

简言之，赫顿从未歪曲他的意图。他将地球视为一个为特定目的而存在的个体，这个目的对任何理性的理论都设下统一要求："如果我们要让地球作为一个维持植物和动物生存的世界稳定存在，那么地球理论就必须包括这些事物。"（Hutton, 1795, I, p.281）赫顿不仅推导出了恢复力的必要性（循环性的基础），他还曾一再表示，如果不能发现这种力量，他本人关于恰当的、有目的的宇宙的概念就会崩塌。

当我们最终抛弃把赫顿变成他本人对立面的经验主义神话，在赫顿认为是他本人或任何其他地球理论的理性基础的那些先验概念中，我们才能恰当地寻找深时发现之旅。他没有在岩石中发现深时或循环性的迹象。只有当我们将研究导向赫顿的体系性思考而不是他的野外考察时，我们才能理解时间隐喻在赫顿地质学中的作用——这是本章和本书的基本论点。

必要的循环性之来源

如果赫顿在数千页的篇幅中没有对循环这一主题展开一以贯

之的论述，他将寂寂无名。在这些一再重复的论述中，他坚称任何合理的地球理论都必须阐明其双重性，次数之多，语气之强，无人能出其右。所谓双重性，一方面是一种由物理过程维持的机制，另一方面则是一个为特定目的而构建的物体。在第一篇论文的开篇，他称地球为"一台结构特殊的机器，通过它可以达到特定的目的"（Hutton, 1788, p.209）。1795 年，他继续将手段（或机制）与目标（或目的）相结合："地球理论应被视为这个世界的哲学或物理知识，也就是有关达成目标或目的的手段的一般看法；除非能在一定程度上导致对事物一般看法的形成，否则都不足以成为这样一种理论。"（Hutton, 1795, I, p.270）

赫顿通过机制理解循环的世界机器自身。他对这种循环的目的深信不疑，我们可能会为其刻上愚蠢傲慢的烙印，但这种循环的目的在他那个时代似乎是不言而喻的真理。地球曾被建造成生命的稳定居所，尤其便于人类支配。赫顿将手段和目的再次统一，评论道："地球建立这种机制，目的是将自己调整成宜居的世界。"（Hutton, 1788, p.211）他将这一论证扩展到人类生活，在他笔下，这是"一个按照完美智慧设计的世界，为了促进各种植物和动物的生长和栖息；这个世界特别符合人类目的，人类能栖息在所有气候中，测量居住地范围，并根据喜好决定生产"（Hutton, 1788, pp.294-295）。

没有什么比赫顿的坚定信念更加与现代科学格格不入的了。这一信念，即物理对象具有以人类方式塑造的目的，是他的整个体系的一个支点，而不是无关紧要的废话。亚里士多德坚持认为，现象至少有四种不同的因：质料因是物质，动力因是推动或作用，形式因是设计，目的因是目的。在古代寓言中，一所房子的质料因存在于石头或砖块中，动力因是泥瓦匠和木匠，形式因是建筑草图（虽然并未直接意义上"创造"任何东西，但无疑是任何特定设计的必要条件），目的因是人类欲望——因为倘若不是人想住在房子里，房子是建不起来的。今天，我们对成因的定义局限于有效因果关系的推动。我们仍然承认，没有物质和计划就无法建造房屋，但我们不再将这些物质和形式方面的因素称为成因。相反，我们已经明确放弃了无生命体的目的因概念。这种拒绝，可能是赫顿时代和我们时代之间科学方法论的重大变化。除非我们再度将赫顿的目的因概念作为解释中心，否则我们无法理解他。

对于出于人类意识而带有明显目的色彩地构造的物体，我们仍然会提到目的因。在描述生物体的适应性时，我们仍使用非正式术语的目的因，尽管马林鱼并未有意识地追求流体动力学效率。但我们已经严格摒弃将目的因理念用在任何无生命体的身上，而且没有什么比以前从人类角度进行目的归因更有趣或更过时的了：月亮发光，因而我们在晚上不会跌倒，或者橘子长成很多瓣，因而我们可以轻松分食。当亚里士多德提出地球发生地震的动力因和目的因时，我们不禁窃笑："雷声轰鸣，既是因为（地球内部的）火焰熄灭时必然会发出嘶嘶声和咆哮声，而且（正如毕达哥拉斯学派所认为的那样）威胁到塔耳塔洛斯的灵魂并使他们感到恐惧。"（*Organon, Posterior Analytics,*

1960, 94b, 1.34）我们的嘲笑无疑代表了一种不恰当的历史态度，但它确实表达了我们态度转变的深刻意义。

除非我们理解赫顿对目的因的注重是所有解释的必要组成部分，否则我们无法掌握循环理论的基础。在赫顿第一篇论文的导言中，他如此评述地球："我们觉察到一种用智慧建立起的结构，以获得与产生它的力量相匹配的目的。"（Hutton, 1788, p.209）他提倡站在人类角度同时将动力因和目的因作为普遍的方法论进行探索：

> 如果无法令人满意地给出所有这些影响的动力因，就不能成为合格的地球理论。……但这还不够。我们生活在一个处处都井然有序的世界。在这个世界中，目的因至少和动力因一样为人所熟知。例如，当我写字时用来移动手指的肌肉并不是这个运动的动力因，就像这个运动并不是肌肉形成的目的因一样。因此，血液循环是生命的动力因；但是，对于血液循环，甚至地球的演变来说，生命又是动力因。因此，对地球不同现象的解释，都必须与地球这一生命世界的现实组成一致，即一个维持着有生命的动物和植物系统的世界。（Hutton, 1795, II, pp.545-546）

赫顿将他的理论总结为最终因果关系中问题的先验解决方案，而不是对野外证据的归纳。我们可能会选择无视赫顿坚定的主张，并声称没有人会将看起来如此荒谬的论述作为依据。

但这种看法缺乏智识，应该是不言而喻的。

　　赫顿在他第一篇论文的开头（Hutton, 1788, pp.214-215）以及他所有的著作中都明确指出，他的理论是一个先验论述，并且在解决目的因的悖论方面具有逻辑上的必要性。为什么不从表面意思看他的观点呢？我们可以称这个问题为"土壤悖论"。赫顿在回归爱丁堡学术界之前是一名勤勉、成功的绅士农民，他在早年的大部分时光里一直学习和使用最新的畜牧业方法。他针对土壤、农业的基质和所有生命都做了长期而艰苦的思考。土壤必须肥沃、稳定，才能实现地球作为生命居所的目的因。

　　岩石侵蚀所产生的土壤是破坏力的产物："为了这个世界的伟大目的，必须牺牲地球的坚固结构；因为，我们土壤的肥力取决于其材料的松散和杂乱状态。"（Hutton, 1795, II, p.89）但是，如果土地的破坏继续有增无减，大陆最终将被冲入大海："因此，我们陆地的高度与海岸齐平，我们肥沃的平原由山脉的残存形成。"（Hutton, 1788, p. 215）维持生命的过程最终会摧毁这一状态："地球的物质被冲入大海，终结系统的存在，该系统曾形成这个拥有令人叹为观止的结构的世界。"（Hutton, 1795, I, p.550）

　　滋养万物的地球的动力因不能削弱人类稳定生活的目的因。然而，土壤无疑是通过破坏才产生的。因此，赫顿认为，必然存在一种重建大陆的恢复性力量。此外，如果隆升的源头可以被视为先前破坏的结果，那么我们的地球就代表了条件允许的情况下最简单、最和谐的系统：并非两个独立的破坏和创造的力量处于微妙平衡，而是一个自动维持滋养万物的稳定状态的单个循环。如果侵蚀不仅形成土壤，还为下一个循环的大陆沉积地层，那么土壤悖论可以优雅地自圆其说："但是，如果地球的起源是来自海洋，那么我们的土地上被冲走的物质只是按照系统的顺序进行，因此这个世界的一般系统不会发生任何变化，即使我们目前拥有的这个特殊的地球应该在自然过程中消失。"（Hutton, 1795, I, p.550）

赫顿的论述十分清晰，他推导认为隆升力量的必然存在是解决土壤悖论即目的因困境的必要手段。由此产生的循环所固有的深时，构成他先验论证的逻辑结构。在我最喜欢的一段文字中，赫顿告诉我们为什么目的因需要恢复和循环：

这就是我们现在有必要据以检视地球的观点：我们有必要看看在这个世界的构成中，是否存在一种再生操作，通过这种操作，被破坏的构造可以重新得到修复，机器由此获得持续或稳定，这个机器被看作一个维系植物和动物的世界。

如果稍加探究，我们发现这个世界的构造中没有这种再生能力或重塑操作，我们应该有理由得出结论：这个地球系统要么是特意留有缺陷，要么它不是无限力量和智慧的杰作。（Hutton, 1788, p.216）

循环性和深时的先验特征，同样鲜明地体现在赫顿对机制或动力因的态度中。地球需要一种恢复力，来实现其作为生命居所的目的，但是隆升如何产生？我在本章前面讨论了赫顿的循环机制，然而考虑到他并未在野外观察到这样的循环，那么是什么促使他形成这种理论，或创立了自续循环的概念呢？

赫顿的世界机器来源很复杂，但在他的著作中有一个影响十分明显。牛顿的成就之光继续闪耀，其他学科与他的远见卓识的结合仍是科学的黄金梦想。牛顿重建了空间，赫顿则渴望理解时间。如果复杂历史显而易见的混乱，可以被排列为严格重复事件的有序循环，那么大陆的形成和分解说不定会像天体的运行一样蕴藏着规律。

赫顿的世界机器可以被看作时间之环往复的牛顿宇宙。赫顿认为，恢复力的发现解决了类比问题，并保证地球在其当前自然法则管理下的时间不受限制："当他发现有明智的方法来更新这个必然衰退的部分以及其他所有部分时，他会愉快地考虑这种设计的表现，从而将这个地球的无机物系统与维持天体在轨道上永恒运动的系统相联系。"（Hutton, 1795, I, p.276）赫顿还在他的著名结尾格言"找不到开始的痕迹，也没有结束的前景"之前，引用了一个宇宙类比作为深时的佐证："在地球的自然历史中，我们看到一系列的世界，我们可以由此得出结论——自然界中存在一个系统；就像从行星的运转中得出的结论一样，有一个系统可以让它们持续旋转。"（Hutton, 1788, p.304）同样，普莱费尔把深时与行星运动联系起来：

赫顿博士的地质学系统在许多方面与掌管天体运动的

系统类似。……在这二者中，无限的持续时间是前提，时间的流逝不会磨损或破坏如此丰富的智慧所建造的机器。既然它们的运行是如此完美，它们的开始和结束也一定同样是无形无迹。(Playfair, 1802, p.440)

综上所述，我通过分析赫顿关于地球目的因和动力因的本质的观点，追溯了赫顿思想中循环性和深时的先验特征。对于目的因，他坚信隆升一定会恢复被侵蚀的地形以保障人们的生活和农业劳作，从而解决土壤悖论。对于动力因，他设计了一个世界机器，可将所有历史复杂性排列为重复事件的一个循环，如同牛顿系统中行星的运行一样具有规律。在这两种情况下，深时都是无限循环的重要组成部分，这在野外调查确认之前，由逻辑上的必要性即可确定。换言之，我现在可用一个短句来总结整个章节：时间之环构成了赫顿关于理性的地球理论观点的核心。赫顿通过将地质学家就时间之环提出的最严格的、毫不妥协的版本加诸地球，发展了他的理论。

赫顿的胆略和成就兴许值得赞赏，他采用了高举一个中心隐喻而排斥另一个的策略，成功地打破了时间的束缚。赫顿的地球理论是时间之环的胜利，但他对时间之箭的彻底否定能否自圆其说呢？

赫顿悖论：为什么深时的发现者否认历史

纯粹的时间之环理论家

如果所有时刻都没有区别，那么它们也就没有任何意义。

我认为这句格言是对赫顿悖论的描述，或者说，描述了将纯粹形式的时间之环理论强加于历史产生的麻烦情况。我们在第二章中看到，伯内特坚持认为时间之环的任何严格解读都会剥夺他的主题。我想说的是，从赫顿的方法论中，我们可以看出他对历史的态度，他至少有魄力和一致性使他的论点合乎逻辑目的，从而否定历史本身。这种说法可能会显得有些荒诞，特别是对大多数地质学家来说。毕竟是赫顿发现了深时，不是吗？一个为历史构建合适母体的建筑师怎么能推翻并否认其中的隐喻呢？但这正是赫顿所做的。同时，由此产生的悖论也不复存在了，这既因为我们是从普莱费尔笔下（一个承认历史的不那么严格的版本）了解的赫顿，也由于我们没有理解赫顿的论证中时间之环的中心性和力量。

这个悖论既是逻辑上的，也是心理上的。最起码，历史需要一系列独特的事件（其他问题，如方向性和转换速度，是有趣且争议很大的主题，但并非必不可少）。在纯粹形式的时间之环隐喻下，没有什么是独特的，因为所有事件都会再次发生——没有任何一个事件本身能够告诉我们现在处于哪个阶段，因为任何事物都无法锚定特定的时间点，而（最多）只能锚定在一个重复循环的特定阶段。心理学争论是一个简单有趣的问题：

96   时间之箭，时间之环

如果任何地质事件都没有特征，而只是代表潜在的无限类别中的一个，那么我们为什么还要关注其显然是独特的细节？我们津津有味地谈论名字叫"比尔"的猫的特征，但有谁谈论过名字叫"乔"的硅氧四面体？

赫顿坚持僵化地解读时间之环的最明显证据在于他对历史的明确否认，以及他对涉及顺序和方向的所有隐喻的回避。赫顿告诉我们地球的循环没有任何结果，他不认同伯内特对循环转动前进的方案——大圆盘沿轨道滚动的模型。赫顿认为上一个循环与自然的当前进程差不多，因为也是"一个与现在同样完美的地球，一个富含动植物的地球"（Hutton, 1788, p.297）。变化则表现为持续前进或后退，绝不会在方向上发生永久性变化："地球在任何时候都是水陆共同体，供动植物栖息；地球表面永远都有干燥的土地和流动的水，尽管水陆的具体形态和位置会波动[1]，不像自然法则那样永久。"（Hutton, 1795, I, pp.378-379）

赫顿关于这些历史的典型数据，即事件在时间上的发生顺序之作用的方法论陈述，是最具启发意义的。在任何意义上，他都不将它们视为叙事本身有趣的组成部分，而仅将其视为用于建立永恒体系的一般理论数据。赫顿再次用他喜爱的牛顿体系做类比，写道：

---

1   注意赫顿选用的词——"波动"（fluctuate），其含义是围绕恒定的平均值上下运动，而不是意味着可能具有方向元素的"变化"。

为了理解天体（heavens）系统，我们需要将测量的时间周期和旋转天体的不同位置联系起来。因此，适当地使用力学知识来达到意图，我们就可以观察到天体系统，或说是有了更进一步的认知。同样，如果不看到事物在时间上产生的进展，我们就不能理解地球的系统。（Hutton, 1788, p.296）

我们在第二章中看到了伯内特对时间之箭和时间之环的复杂融合，以及对二者都适用且相对应的隐喻组合。相比之下，赫顿的隐喻具有鲜明的排他性。他引用了我们文化中所有平衡和重复的标准，而不带任何方向或进步的征兆。我们已经探索了他的主要参照——在牛顿宇宙中有行星运转的循环地球。赫顿的非历史世界是对立力量的动态平衡，而不是被动的稳定状态，他的隐喻表达的是其循环系统的稳定动态。因此，行星在各自的轨道上稳定运行，是因为行星既受到一种将它们推向更远的线性的力，同时又受到将它们拉向太阳的引力，二者动态平衡（Hutton, 1788, p.212），正如时间之环的稳定性平衡了毁灭和更新。行星的运动也建立了一组较短的周期，形成了丰富的隐喻材料：日、季，以及赫顿在地球基本的运行秩序或平衡通则下描述的所有重复："大自然以如此智慧在这个世界的运行秩序中做出安排，一个大陆不会毁灭，如果另一个大陆没有产生以更新地球。"（Hutton, 1788, p.294）

最具启发性的是赫顿在隐喻中对人体的使用，因为我们的生命为时间之环和时间之箭的隐喻提供了丰富的素材，运行的行星则没有这种功能。然而，赫顿回避了明显的方向性主题——无论成长、学习和发展的主题，还是其反面即衰退、衰老和死亡的主题，这些主题在伯内特和其他时间之箭的拥护者中广泛使用。赫顿只引用了那些使我们的身体或让人类世代处于稳定状态方面的主题。他将侵蚀大陆的水文循环比作血液循环系统（源自赫顿自己的博士论文，他曾是莱顿大学的医学生，讨论过血液循环）："地球的所有表面都是按照一个有凹凸形态、丘陵山谷、小溪河流的规则系统形成的，这些河流将大气中的水返回到总体中，就像血液在静脉中输送并返回心脏一样。"（Hutton, 1795, II, p.533）但地球对其侵蚀地形的更新让人想起了动物身体的恢复过程，即生长、进食和愈合的过程："因此，我们看到了地球物质的循环，即自然规律下完美的运行秩序。地球就像动物的身体一样，在被修复的同时也在被消耗。它有生长和增强的状态；它还有另一种状态，即减少和衰退。"（Hutton, 1795, II, p.562）

最后，这些侵蚀和更新的循环是同步进行的，正如人口的出生与死亡大体平衡以维持人口多年的稳定一样。总结赫顿的隐喻，我们现在综合考虑赫顿喜爱的两个思想资源——行星和人体：

　　　我们可以从事物的构成中看到发明的智慧，以及其中蕴含的美妙规则，这一点如此明显，我们尽可以仰望无边无际的广阔空间，那里有着无数的发光天体，很可能还有更多的天体为了某个伟大目的而不断地运动、发光；或者我们也可以转向人类自己，从人类的身体构造中看到事物的精妙机制和积极力量，人体成长于一种显然是非存在的状态，再从其自然完美的状态中衰退，并在无尽无休的类似生命中更新存在。（Hutton, 1795, II, pp.468-469）

完美与否定历史

我追踪了赫顿拒绝对历史感兴趣的直接的和隐喻性的陈述，接下来要表明他在地质学（化石和地层）中对历史原始数据的独特处理。但是，在他提出的世界机器中显而易见的循环机制之外，是什么让赫顿对叙事如此不感兴趣呢？

在人类思想的历史中，许多伟大论点都有一种无情的内在逻辑，使其不受时间或主题的局限而具有普遍价值。在适当考虑年龄和文化差异的情况下，我们因此可以将论点放在不同情况下进行比较，通过不同情况的相似性来阐明论点的普遍性。赫顿否认历史的主要原因就属于这一范畴。

自达尔文提出自然选择理论以来，一场没有硝烟的智识斗争已经渗透到进化生物学中，即最佳设计与历史之间的张力。一些严格的达尔文主义者认为，自然选择的美在于它能够产生最佳的适应形式。他们可能会对鸟类翅膀的空气动力学的完美性，或者蝴蝶模仿枯叶做出的理想伪装大加赞赏。其他人则将这种泛选择论（pan-selectionism）视为对主题本身的隐秘曲解。进化论认为，生物体是通过不断变化的漫长历史形成其当前形态的，系谱的纽带将所有生物联系在一起。泛选择论是对历史的否定，因为它完美掩盖了时间的轨迹。一个完美的翅膀可能是慢慢进化到它现在的状态的，但也可能是在我们发现该翅膀的时候才形成的。如果完美是我们唯一的证据，我们根本无法判断。正如达尔文本人深知的那样，进化论的主要证据是不寻常且不完美的，它们必须记录下历史的传承路径，就像我的两本书《熊猫的拇指》（*The Panda's Thumb*, 1983）和《火烈鸟的微笑》（*The Flamingo's Smile*, 1985）的书名。（选择这两本书是为说明这个历史最高原则。）

这种不完美原则是历史的通用论据，而不仅仅是进化生物学家的工具。所有历史性的科学家都使用这一原则，就像伯内特把一个严重受损的地球比作遭到破坏的所罗门神庙，作为非最优结构中历史的可比证据；也像在当前用法与词源不匹配时，语言学家必须审视历史，比如"广播"（broadcasting）的田园基础是"播种"（sowing seed），以及在群体之外的"不同寻常"（egregious），其词源是"高高在上"（*ex grege*）。

反过来，完美变成了反对历史的论据，至少是否认历史的重要性，有时甚至否认历史的存在。任何最佳状态的历史先例都变得无关紧要，现在的系统或者处于完美、永恒的平衡状态，或者在更强的版本中，因为不同的阶段从未存在，而智慧从一开始就是完美的。

从这个意义上说，赫顿反对历史最有力的论据必然是：他热忱地认为世界机器是完美的；在他的作品中，没有其他主题如此贯穿始终，也没有其他主题能如此支撑他坚持将地球时间与天体系统进行比较。充满变化的历史叙事与完美运转的机器（从一开始就为实现其既定目标而运转）怎么可能是相关的呢？

对赫顿来说，叙事的基本组成部分是对不完美的定义，即特殊的和随机的大规模事件对时间的中断；特别是，缺乏循环被定义为可能发生任何方向的变化，因为如果事物随着时间推移而改善，那么可以说世界机器造得不够完美，而如果事物衰退，那么可以说地球现在就不完美。在将自己与伯内特和其他地质史从最初完美走向衰退的倡导者做比较时，赫顿把最优性（optimality）看作世界机器的最大优点：“在发现地球的性质和构成时……在解释实际出现的情况时，我们没有理由诉诸任何非自然的邪恶假设、自然的毁灭性事故或超自然的原因。”（Hutton, 1788, p.285）

赫顿认为，捍卫植物和动物之间生态平衡的最佳稳定性（在他看来这是一个已证明的事实），同时又说它们的地球基质正在消耗殆尽，这是不合理的：“承认动植物系统的完美使其物种永存，同时假设它们必须依赖的地球系统是不完美的，迟早会消亡，这个推理前后矛盾，近乎荒谬。”（Hutton, 1795, I, p.285）

举个显著的例子说明他们的差异。赫顿呼应了伯内特的话，他说，人们有一种根深蒂固且无法抑制的欲望，总想理清事件发生的时间顺序：“人类不满足于像牲畜一样只是看到事物的现状，而是想了解事物的过去和未来。”（Hutton, 1788, p.286）我们可能几乎就要认为赫顿是在努力为历史的观点做辩护了。但是，伯内特用其序言来美化叙事的内在魅力，赫顿却采取了相反路线，因为他是如此相信时间之环：我们想了解在时间上发生了什么，只是为了更好地理解循环的、永恒的变化系统，从而感受自然作品的完美。让我们直接看最后一句引语："他愉快地观察到自然作品中的秩序和规律，而不是对无序和混乱感到厌恶；他高兴地看到设计中展现的智慧和仁慈，而不是去质疑自然的创造者在自己身上发现了任何不完美。"

将历史与最佳数据分离

地史学的经典数据是化石和地层。很明显，我们不能指责赫顿没有遵守他去世之后才被奉为圭臬的各种标准，尤其是考虑到赫顿同时代的学者还没有解决大灭绝和化石层序等问题。当时，拉马克（Lamarck）还在和其他学者的辩论中坚持物种不会消亡；直到赫顿去世十多年后，居维叶才发现化石群独特的寿命可以校准历史，进而发现了生物灭绝的证据。但是，赫顿时代已经发展出了基础性的地层叠覆原理（stratigraphic principle of superposition）和地层对比原理（stratigraphic principle of correlation）。基础地图和剖面图也出版了，虽然它们不是赫顿本人所为。学者还创立了基础的地层命名体系，以便将各种事件按照时间顺序排列起来，比如山脉的"第一纪"（primary）核心，沉积其上的"第二纪"（secondary）岩层，以及更年轻的、松散的"第三纪"（tertiary）沉积物［首字母大写的"第三纪"仍然存在，作为新生代（the Cenozoic Era）的一个时期，一直沿用至今］。

赫顿使用化石和地层数据作为其体系的主要经验支持，但他却从来没有想到将它们作为历史的标志。我们无法将赫顿的这种失策完全归咎于那个时代对各种基本原理的无知，但从他对这些数据极为有限的使用来看，这反映出他完全脱离历史的视角。

赫顿关于化石的论述

虽然古生物学数据为验证整个世界机器各个部分的构成提供了关键信息，但我们发现赫顿在著作中丝毫没有提到化石可能记录了历史变化的向量，甚至时间的独特性。对于赫顿来说，化石只是时间之环的内在属性。

陆地地层中包含了海洋化石，这至少说明了地球机器的两个基本内容：首先，海洋化石进入较硬地层，证明了这些沉积物可以通过受热和压力作用合并到岩石中；其次，它们作为隆升大陆一部分的现状，说明固化的沉积物是通过恢复的力量被抬升起来的。赫顿写道："在全球所有区域都发现了大量物质，虽然目前来看它们皆为固体形态，但这些化石似乎是海洋动物的外壳钙化形成的。"（Hutton, 1788, p.219）

然而，我们是如何得知这些海洋沉积物形成于上一个循环的陆地侵蚀物呢？在这里，赫顿认为石化的木头和其他植物化石是大陆消失的直接证据。（Hutton, 1788, pp.290-292）换言之，在这两个事例中，化石仅作为判断沉积物沉积来源和地点的生态标志，而不是时间变化的历史证据。赫顿完全否认生物在时间之环中会有任何变化。

> 要理解这一点，我们必须考察我们地球的地层，在地层中我们发现了动物残骸。在考察过程中，我们不仅发现了目前存在于海洋中的各属动物，甚至还发现了不为我们熟知的某些物种。实际上，与我们研究的当前动物相比，这些物种非常多样，但其多样性与地球其他区域发现的同物种的生物是类似的。（Hutton, 1788, p.290）

以上引文中，最后一句尤为关键。赫顿认为，如果我们在化石物种中发现各种未知生物种类，这些生物种类或许并非特殊的古代生物种类，而仅仅是还未发现的现存生物种类。在两种假说中，赫顿根据偏好而非证据做出选择，说明当时人们已经对赫顿恒常信念的替代观点展开辩论——他对历史的否认在当时是一种主动的个人偏好，而非仅仅引述当时的主流观点。

在某一段中，赫顿并没有敢于直接否认时间上的独特区别，而是完全绕过了这个话题，从另一个角度来支持时间之环。赫顿并没有声称人类亘古以来就存在，但却承认了《圣经》传统中关于人类起源较晚的观点。他用寥寥几笔承认了人类出现于较晚时期，然后立即开始鼓吹化石可以作为深时的象征。

> "摩西五经"的历史认为人类起源并不久远；在博物学中，人们并没有发现人类属于远古时期的任何记录。但这一

点并不适用于其他低等动物，尤其是生活在海洋和海岸的动物。在博物学中，我们发现这些动物存在已久。（Hutton, 1788, p.217）

赫顿关于地层的论述

对于地质学家来说，阅读赫顿关于不整合这一章节的论述（Hutton, 1795, I, ch.6）一定非常令人紧张不安（虽然没有多少学者真正去拜读这些文本）。赫顿做了任何一个优秀的野外地质学家都会做的事：绘制地图，追溯地层，研究叠加顺序。他认为第一纪地层较早，第二纪地层较晚，并利用地层时间上的差异（以及通过不整合划分地层）作为地质过程的证据。赫顿同时也按照历史时间顺序描述了他的发现。例如，在描述不整合的上部和下部单元时，他写道："在这里，我们进一步了解到，硬化和抬升的地层［在不整合形成期间］被打碎且经水流冲刷之后，再一次沉入海底，成为形成新地层结构的底部或基础。"（Hutton, 1795, I, p.449）

但是，从当时到如今的野外考察的传统来判断，赫顿的阐释无疑非同寻常。他并没有引用这些历史数据并加以叙述。我们发现，在赫顿数以千页的皇皇巨著中，没有一句话把地层的不同年代和性质本身当作有趣的东西——作为特定时代的区别标志。甚至连最基本的说法都没有，如在某个特定的时间、某种特定的环境里造成了这种岩石在那个特定的地方沉积。相反，我们了解到，可识别的、有时间顺序的地层肯定了时间之环和世界机器的一般理论。"认识到陆地形成过程中的第一纪和第二纪，我们就可以从各个角度证实当前的理论。这是因为，在沧海桑田的变迁中，旧的陆地被侵蚀和破坏，新的陆地形成并取而代之，我们可以从自然的所有作品中体会到这种秩序的存在。"（Hutton, 1795, I, pp.471-472）

赫顿于 1788 年一篇较早的论文中，更明显地摒弃了历史数据的叙述。赫顿认为，我们对"最古老"事物的本能兴趣被时间之环削弱了，因为我们认识到，地层底部是来自更远古大陆的沉积物，它因此而不留痕迹地转化成新的起点：

> 如今，我们对自然持有一种非常笼统的观念，并没有深入探索那些经常让博物学家苦思冥想的万物当前状态等细节问题。我们目前还没有探讨地球上第一纪和第二纪的山到底是什么；在我们看到的事物中，我们还没有思考哪些东西最早出现，哪些东西最晚出现。（Hutton, 1788, p.288）

赫顿与历史方法

我们不能因为某个人忽视了他没有理由考虑的事情而批评他。如果赫顿是一名从来没有接触历史数据的物理学家，那么我的评论就不合适。但赫顿不仅使用了这些数据，而且有迹象表明他对历史推断法还有很深的理解。

在研究达尔文时，我试图说明达尔文在历史推断法方面的发展成为贯穿他所有著作的主题。（Gould, 1982, 1986a）我把他的方法总结为面对不断减少的信息的一系列不同策略。在阅读赫顿的著作时，我对他在历史研究方面的造诣深感钦佩，并发现他使用了达尔文用过的所有方法。关于赫顿积极的非历史性（ahistorical）关注，最好的例证是他对如何推断历史的娴熟理解，接着他明确拒绝了历史本身的主题，并将其数据整理成一种使历史变得无趣的普遍理论。

思考两个例子。在最理想的情况下，我们知道产生过去事件的过程，能够在现在观察该过程的运行。我们将当前的过程速度推演到过去的时间之中，来看这一运行过程是否能够完全解释过去的现象。这是一种纯粹的均变论思想。这种方法的主要障碍在于人们普遍觉得，如此缓慢的变化根本没有产生变化；但是，深时能够为我们提供一个将难以感知的变化转化为极度高效变化的母体。赫顿用这一论点坚持认为，溪流和波浪的缓慢侵蚀过程会摧毁整个大陆（正如达尔文主张的，可以根据某些造成轻微变化的自然选择而推测出进化中的主要趋势；或许我们脚下那些缓慢、不引人注目的蠕虫最终会塑造整个英格兰的地形）：

> 我的目的是要说明，首先，地球的自然运行，在足够长的时间跨度上，将足以产生我们今天看到的效果；其次，在世界运行体系中，这些侵蚀性的大地运行过程必然极其缓慢。在这种情况下，那些不同观点最终会统一，解释我们居住的地球表面为何看上去一成不变，但同时又好像发

生过翻天覆地的变化。（Hutton, 1795, II, pp.467-468）

但是，我们常常没有基于现代可观测过程的直接数据。在这种情况下，我们必须收集大量的过往数据，并将它们排列为单一的历史运行过程（正如达尔文所论，岸礁、堡礁和环礁是岛屿形成的三个阶段）。赫顿使用这一方法来解释沉积顺序，以及隆升和倾斜对地层造成的扭曲：

> 这些包含不同材料的地层，虽然起初在结构和外观上均匀一致，作为各种分层材料的集合，但它们如今的面貌则难以让人分辨它们的最初样子，只能通过对这些物体的一系列考察，或者偶尔从一个极端状态到另一个极端状态的渐变，即从自然状态到变化最剧烈的状态的渐变，才能理解这一点。（Hutton, 1795, II, p.51）

赫顿对历史的表述：一个小小的讽刺

如果历史是通过各个独特的阶段进行叙述的话，那么我们就无法在赫顿的世界机器中找到历史。在他整部著作中，我们只看到一次关于方向性进步的变化。这一概念没出现在他的科学中（甚至他也没有提到过），仅出现在他对乔治三世这位曾担任爱丁堡皇家学会名义上的负责人和赞助者的君主那华丽和礼节性的赞扬中。"这位君主，其统治以其提升高雅艺术的机构之效力，以及在扩展自然知识方面的辉煌和成功而闻名。"［布克

洛对会刊（*Transactions of the Royal Society of Edinburgh*）第一卷
的介绍，即刊登赫顿 1788 年论文之处。]然而讽刺的是，杰斐
逊在《独立宣言》中正是对乔治三世这位折磨美国的君主做了
相当负面的描述。

博尔赫斯两难和赫顿的箴言

在我看来，博尔赫斯两难是指：真正的永恒强加给我们认
知的不可理解性。赫顿必须解决这个逻辑难题，因为他坚信牛
顿科学，即需要对作为地球过程机制的时间之环进行纯粹构想，
且任何历史上发生的事件都不能例外。赫顿用一个精彩的论证
绕开了博尔赫斯两难，同时也可作为科学能做什么及不能做什
么的深刻方法论。他认为，只有当地球在现行自然法则下运行
时，时间之环理论才能生效。这些法则规定世界机器的循环，
因此没有起点，也没有终点。逻辑则需要起点和终点，但其终
极起源在科学领域之外。在遥远过去的一个不可知的时间点，
某种更高的力量建立了目前的自然法则体系，并将在未来的某
一时间点终止，但是科学无法解决这样的终极问题。

因此，赫顿字斟句酌，写下了至理箴言，尽管后人常常将
他误读为无限时间的倡导者。他写道，我们"找不到开始的痕
迹"——地球其实是有开始的，只是由于其产物在随后的许多
世界中循环而从地质证据中被抹去了。我们"也没有结束的前

景"，因为当前的自然法则体系一旦在我们的地球上建立，便无法撤销，但当更高的力量选择废除当前的体系时，地球将终结，或改变到不同的状态。赫顿一箭双雕，既获得了好处，又避免了纯粹形式的时间之环的困境。他获得了一个完美的、重复的系统所带来的好处（在他看来），在该系统中，没有一个历史事件特殊到可以威胁时间的永恒性；同时，他也解决了博尔赫斯两难，将理解所需的起点和终点，即理解所需的锚下放到科学之外的领域。正如普莱费尔所总结的："因此，他得出了一个崭新的、高超的结论，即，自然按照一个不会自然终止的计划，在地球表面提供不断演替的土地，但只要这些注定实现的有益目的一直存在，这个整体过程就会持续下去。"（Playfair, 1805, pp.56-57）

普莱费尔：特别的"鲍斯韦尔"

以上关于时间之环及其对赫顿的意义的长篇解释，留下了一个根本性的问题没有得到回答。如果我是对的，我们教科书中的赫顿与历史上的赫顿恰恰相反，那么为什么会产生如此误读，并且错误竟如此一致？赫顿在地球时间之环的强大想象的推动下，致力于解决最终因果关系的问题，我们怎么能把这样一个聪明人误读成一个现代经验主义者，一个只专注于动力因的野外地质学家？盖基可能制造了这个神话，但他是如何侥幸逃脱的？人们并没有那么愚蠢。难道他们有可能读过赫顿，但被期望蒙蔽双眼，而在其中看到了盖基的视角？

　　答案必定是，或说在很大程度上在于，赫顿的著作非常难以理解。[1]由于长期以来的传统，或仅仅是因为不可获得，地质学家通常不直接阅读赫顿本人的作品。19 世纪的英国涌现了一大批优秀的科学家，他们同时也是杰出的文学家，语言风格独特，特别是查尔斯·莱尔和赫胥黎。然而，其中造诣最高的可能要数约翰·普莱费尔，他是爱丁堡的数学教授，同时也是一位敬业的业余地质学家，以及赫顿的密友。赫顿去世后，普莱费尔决定将他朋友的观点从糟糕的表述中拯救出来，通过出版一本篇幅较短的书，以更清晰的形式展现赫顿理论。我们对赫顿的了解几乎全部来自普莱费尔《赫顿地球理论的阐释》（ *Illustrations of the Huttonian Theory of the Earth*，1802），该书大获成功，其中生动展示了赫顿理论。

　　传统观念还认为，普莱费尔只是翻译了他朋友的想法，没有改动。因此，在《赫顿地球理论的阐释》中，我们似乎真的读到了焕然一新的纯粹赫顿。在某种意义上，我并不否认这一

1　我从未发现赫顿像传统观念所说的那样迟钝或愚蠢。我不会捍卫 1795 年出版的、篇幅长达数千页的《地球理论》，因为其中有无休止的法语引文（有一处长达 41 页）。但我发现 1788 年的版本相当简洁明了，偶尔会有几行颇具文采。然而，历史记录不言自明。莱尔本人也承认，他从未读完过这本书。即使是固执的、近乎疯狂的批评家基尔万（Kirwan，他在整本书中都反对赫顿）也从未全部读过这两卷著作，因为在他的私人藏书中，这本书有许多页没有裁开。（Davies, 1969）

说法。普莱费尔准确而敏锐地捕捉到了赫顿体系的本质，特别是将时间之环原封未动地呈现出来，同时适当地与牛顿体系进行类比和比较。其中我认为最精辟的是对布丰（Buffon）因热量损失而逐渐消失的历史地球与赫顿的永恒循环的对比。以下为普莱费尔对时间之环方程本身合理性的论述：

> 布丰提出了地球的冷却及其热量的损失，这是一个不断向前的过程，没有界限，生命和运动最终都将走向灭绝，无论地球表面还是其内部。自然之死像是一个遥远而阴暗的物体，阻挡了我们的视野，并让我们想起了斯堪的纳维亚神话中的荒诞传说，其中，众神最终也将走向毁灭。这种令人沮丧的、缺乏哲理的观点与布丰的天才禀赋不相称，也配不上他的优雅，并且与他的理解程度很不相称。这种观点与赫顿博士的理论完全对立。在赫顿的理论中，只可见当前秩序的延续，没有潜在的邪恶种子威胁到整体，导致其最终毁灭；在赫顿的世界里，运动如此完美，以至于永远不会自行终止。这无疑是一种更符合自然之尊严及其创造者之智慧的世界观。（Playfair, 1802, pp.485-486）

然而，在另一层面上，我发现了赫顿和普莱费尔的世界的差异，而且这些差异被忽略了，因为人们不认为赫顿是否认历史的时间之环理论家。根据地质学后来的传统，这被认为是赫顿著作中最不可接受也是最陈旧的部分。同时，普莱费尔对赫

顿的这些部分要么轻描淡写，要么更改内容。普莱费尔巧妙地
"现代化"了他的朋友，并通过缓和赫顿对历史的敌意，塑造了
赫顿的传奇地位。

其中一个很重要的改动是，普莱费尔极大削弱了赫顿对目
的因的投入。他并不否认他朋友对一种已经变得过时的科学风
格的痴迷。普莱费尔甚至承认目的因在赫顿体系中的首要地位：
"如果听到有人说他的理论是独创的，他反而没那么高兴，他
更希望人们说他的理论增加了我们对目的因的认知。"（Playfair,
1802, p.122）尽管目的因和目的是赫顿每一页理论讨论的主题，
但普莱费尔几乎没有提到这个主题。我只能找到两处是明确讨
论目的因的（Playfair, 1802, pp.121-122, 129），相反，普莱费尔
花了数百页讲述动力因世界中赫顿循环的机制。

然而，其中显著的改变是含义的曲解，而非强调。在讨论
野外证据时，普莱费尔从一开始遵循的就是地质学的主要传统，
并没有描述赫顿的主要特征——否认历史。[1]普莱费尔与赫顿讨
论相同的话题，但（举例来说）他对不整合的讨论表达了地质学
家对历史本身的传统兴趣，而赫顿仅利用历史事件建立他的循
环世界机器，却丝毫不关注时间上的独特事件。

普莱费尔将赫顿提出的不整合（见图3.1）视为一系列在

---

1 这一区别在我看来至关重要，但我相信所有评论者都忽略了这一点。我认
 为，这种差异并没有被注意到，是因为普莱费尔在历史模式中的描述似乎如
 此明显和"自然"，以至于没人认为他的描述很奇怪或因与赫顿的潜在区别
 而值得注意——这都是因为赫顿的非历史性视角没有得到适当的记录。

时间上发生的不同事件。他认为，这张图显示了连续存在三个世界的证据，并从最古老到最年轻展开了讨论。他指出，底部地层含有一个更古老的世代解体后产生的沙子和砾石——"最古老的时代中，化石界记录了所有的一切"（Playfair, 1802, p.123）。普莱费尔显然是为了"老"而"老"，他高兴地写道，在不整合下方形成垂直地层的荒废的陆地，代表了从我们现在的地球倒推的"连续第三个"（Playfair, 1802, p.123）世界。

沿着历史序列继续进行，普莱费尔讨论不整合下方的垂直地层并感叹历史的变迁。这些岩石经历了破碎和上升，下降以接收不整合上方的沉积物，然后再次上升到陆地之上——"因此这些岩石到上部区域和下部区域各两次"（Playfair, 1802, p.123）。这些岩石也代表了这一历史序列的第二个世界。然后，普莱费尔继续研究不整合上方的水平地层，即第三个世界，并引入最近的侵蚀事件，将其描绘成"是地表所有不平衡形成的"（Playfair, 1802, p.124）。赫顿不屑于记录连续的事件，但普莱费尔将所有这些阶段都编入了历史。他总结道："那么，这些现象都是时间流逝的标志，其中地质学原理提供了区分时间顺序的依据，这样我们可以知道有的现象发生在很久以前，而有的则是最近才发生的。"（Playfair, 1802, pp.124-125）

普莱费尔对于历史的描述似乎如此简单、明显、直率。它们怎么可能标志着重大转变呢？然而，在赫顿上千页的《地球理论》中，我们可能找不到一处这样描写的语句。简言之，普莱费尔通过以传统的历史风格描绘赫顿的野外证据让赫顿理论更广为人知，而赫顿本人一直回避这种风格。即便是赫顿的"鲍斯韦尔"，也无法完全遵循他朋友这样严格的非历史性品味，这种偏好与我们对事物的时间排列的普通兴趣截然相反。

结论与前景

赫顿将他对时间之环的严格观点强加于复杂的地球，从而"发现"了深时。他这样做，部分是为了解决目的因中的一个悖论——一个不再属于科学的问题。但他的另一个动机呼应了今天意义重大的一个主题。赫顿没有掌握历史的力量、价值和特征。他遵循一种推崇简单系统的科学模式，这种模式更依赖于实验和预测，而不是叙事和它不可简化的独特性。在这样做的过程中，他遵循了将科学按照地位排序的传统——从硬到软，即从偏向于"实验性"（物理和化学）到偏向于"描述性"（博物学和系统分类学）。地质学处于这一虚假连续体的中间，常常试图通过模仿地位较高的科学的程序来赢得声望，而忽视其自身独特的历史数据。这个问题源于地质学较低的自尊感，并且一直持续到现在。赫顿因崇尚牛顿而追求一种荒谬的严谨观，并试图将时间与牛顿的空间模型相融合。如今，这种致敬可能表现为对量化的推崇，比如，心理学家将智力视为大脑中单一的、可测量的东西，或者生物学家通过计算机对生物进行分类，而忽视了各种特征的不同历史价值（育儿袋比身体长度能提供更多信息）。

查尔斯·莱尔认识到赫顿和牛顿之间的联系，但他也注意到了一个令人不快的比较：相对于赫顿世界机器有限的成功，宇宙学完胜。他将这种令人不快的差异归因于地质证据不够，暗示多收集数据，就可能会缩小差距："赫顿努力为地质学提供确定的原则，就像牛顿成功地为天文学所做的那样；但在前一门科学中，要实现如此崇高的计划，无论天赋多高的哲学家都未能提供足够多的必要数据。"（Lyell, 1830, I, p.61）针对此差异，本书提出了另一种观点：原则上，时间之环不能包含一段带有时间之箭无法简化的痕迹的复杂历史。赫顿的僵化观点既有益处，又是一个陷阱。他给我们以深时，但在这个过程中，我们失去了历史。然而，要恰如其分地描述地球，两者都不可或缺。

第四章

查尔斯·莱尔：
时间之环历史学家

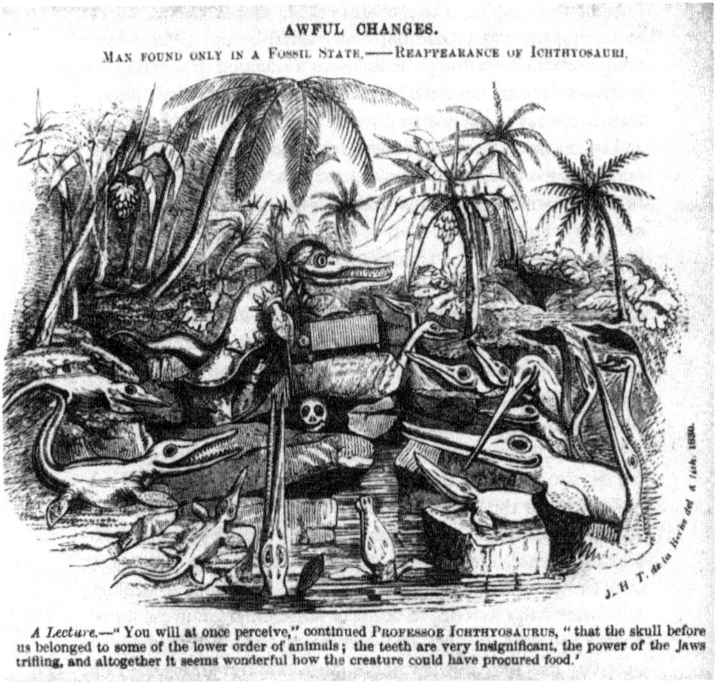

AWFUL CHANGES.

MAN FOUND ONLY IN A FOSSIL STATE.——REAPPEARANCE OF ICHTHYOSAURI.

A Lecture.——" You will at once perceive," continued PROFESSOR ICHTHYOSAURUS, " that the skull before us belonged to some of the lower order of animals ; the teeth are very insignificant, the power of the jaws trifling, and altogether it seems wonderful how the creature could have procured food.'

图 4.1 "可怕的变化。人类只能在化石状态下被发现。鱼龙的再次出现。"
德拉贝赫将查尔斯·莱尔讽刺为未来的鱼龙教授,这幅讽刺画制作在弗兰克·巴克兰的《博物学奇观》封面上,并被误解为对他父亲威廉·巴克兰开的玩笑。

鱼龙教授的案例

科学家很少拥有如此妙趣多彩的人生，以至于他们的逸事比其思想观点流传得更久。时至今日，地质学教授仍在讲述威廉·巴克兰（William Buckland，1784—1856）牧师的故事，在他职业生涯的尾声，巴克兰是威斯敏斯特大学一位德高望重的院长。然而，他一开始是英国首位伟大的学术型地质学家、牛津大学的准教授，并且是查尔斯·莱尔的老师。还记得一座欧洲大教堂的路面上总是出现液化的"殉道者的血"，当时巴克兰将其鉴定为蝙蝠尿，而他的鉴定方式也最为直接——跪下来舔。哦，对了，他还在前一天晚上吃了马舌之后，第二天又在院长办公室把鳄鱼肉作为早餐，这是不是让人瞠目？即使天才的查尔斯·达尔文也曾厌恶巴克兰，说："虽然他非常幽默、善良，但在我看来，他是一个粗俗得近乎粗野的人。与其说他热爱科学，不如说他对恶名有一种渴望，这种渴望有时使他表现得像个小丑。"

巴克兰曾被委托撰写布里奇沃特系列论著（the *Bridgewater Treatises*）中的一篇，来论述"上帝在造物过程中显示出的能力、智慧和仁慈"。他用了一个章节来介绍鱼龙，并以此重点展示神的仁爱。巴克兰认为，这种奇特的鱼形爬行动物具有完美的解剖结构。他提出了所有的传统论点，并从中推断出这是上帝的杰作："鱼龙（与普通爬行动物的形态相比）有所偏离，这远非偶然，也并非不完美的表征，而恰恰是完美安排与明智之选的体现。……我们不得不承认，其中有一种永恒的智慧原则在起作用，自始至终主导着创造物的整个结构。"（Buckland W., 1836, 1841ed, pp.145-146）巴克兰始终无法回避对下部结构的奇特图解的迷恋。因此，他用了更长的篇幅来论述鱼龙的肠结构（该结构并不可见，是从鱼龙的粪便化石形式中推断出来的），并称其为良好设计的佐证。他得意地证明了上帝有着极大的关怀和无微不至，因为"即使那些易腐烂但却重要的部分，都得到了很好的安排和补偿"（Buckland W., 1836, 1841ed, p.154）。

弗兰克·巴克兰（Frank Buckland）在腰围、热情好客和食肉性[1]方面都追随了他父亲的脚步。他也是英国最重要的博物学普及者，称得上是19世纪50年代的大卫·爱登堡（David Attenborough）。弗兰克在他父亲的论文中发现了一张引人注目的平版印刷画（图4.1）。这幅画由亨利·德拉贝赫（De la Beche）爵士绘制，他尽管有个法语名字，但却是英国人，并且是英国地质调查局的首任局长。在这幅著名的平版印刷画上［因作为弗兰克四卷本《博物学奇观》（*Curiosities of Natural History*）的封面而著名］，鱼龙教授被一群专心致志的鱼龙学生包围，他正在讲授一块来自古代的奇特化石——人类头骨。人们能够立刻领会到其中透显出的不相称与幽默感。我们看到的

---

1   在当时，这个爱好并不像今天看起来那么奇怪。在维多利亚扩张主义的全盛时期，博物学家希望亚洲和非洲的野生可食用物种能够被驯化，以使英国人可以享用更多牛羊肉以外的美味。系统的口味调查似乎既冒险，又可能有一定作用。

不是一只古老的侏罗纪鱼龙在莱姆里吉斯（Lyme Regis）的水中排出粪便，而是一个未来世界的鱼龙教授在讲授我们今天的古代地层学。德拉贝赫的标题也呼应了这种解读："可怕的变化。人类只能在化石状态下被发现。鱼龙的再次出现。"

　　由于威廉·巴克兰常以这些兽类为主题进行演讲，而且他和德拉贝赫是很好的朋友，所以弗兰克合情合理地推断，这幅平版印刷画是为他的父亲所画，而那位一身装饰的教授就是威廉·巴克兰本人。弗兰克在其《博物学奇观》第一版的序言中写道：

> 封面插画……是……已故的亨利·德拉贝赫爵士多年前为巴克兰博士所画。……这幅画最初画的是他在牛津大学进行地质学讲座的问答场面，当时他正在讨论鱼龙这种已经灭绝的鱼状蜥蜴。这幅画的主题可以描述为"时代即将改变"。人类只能在化石状态下被发现，这与鱼龙在当前时代被发现的情形相同。在这幅画里，不是巴克兰教授在讲解鱼龙的头，而是鱼龙教授在讲解已成化石的人类的头。（Buckland F., 1874ed, p.vii）

　　1970年，我在英国学术休假期间购买了弗兰克·巴克兰的著作，阅读过程使我在牛津大学和伦敦大英博物馆之间的火车旅程变得愉快。但我也有一个困惑和一个发现，因为读了巴克兰对其封面画的解释后，我知道他存在误解。德拉贝赫的绘画有着更深、更明确的含义。弗兰克·巴克兰在不了解真实背景的情况下，（很自然地）将这幅画解释为对他父亲的善意打趣。但我推断，这幅平版印刷画一定是一种尖锐和近乎尖刻的讽刺，而讽刺的对象就是查尔斯·莱尔的《地质学原理》（这本书被大多数地质学家视为现代地质学科的奠基文本）全三卷中最奇怪的一段话。在这段话中，莱尔写到地质学意义上的未来，气候将变得更加温和：

> 那时，那些在我们大陆的古老岩石中存有遗迹的动物种类可能会回来。巨大的禽龙可能会重新出现在树林里，鱼龙可能会出现在海里，而翼龙可能会再次飞过茂密的树蕨丛林。（Lyell, 1830, p.123）

德拉贝赫画出未来的鱼龙教授当然是为了嘲弄这种奇特的遐想。为支持这种解释，德拉贝赫在右下角标注了该平版印刷画的创作日期——1830 年，即莱尔《地质学原理》第一卷的出版年份。

马丁·拉德威克后来证明，莱尔，而非巴克兰，才是德拉贝赫的素描对象。（Rudwick, 1975）首先，德拉贝赫并非专为巴克兰所画，而是在他的朋友中广泛分发了这幅画的副本。更重要的是，在 1830 年和 1831 年期间编纂的一本野外笔记的后面，拉德威克发现了德拉贝赫所画的一系列讽刺性的素描和漫画。莱尔是这个系列的主角，他基本上被描绘成了一个戴着大律师假发的虚荣理论家，与诚实的穿着工作服的野外地质学家形成对比。最后一幅草图是最终版画的试作。它描绘了鱼龙教授、人类头骨和下方一个专心致志的学生，所有这些后来都出现在平版印刷画中的相同位置。如果还有人怀疑画作并非针对莱尔，那不妨看一下德拉贝赫给这幅试作拟定的标题："鱼龙的回归等等，'原则'等等。"拉德威克推断，整个系列代表了德拉贝赫对莱尔的思想和方法怀有不满，并数度创作，尝试通过一幅漫画来表达这种不满，而鱼龙教授最终成为他的满意之作。[1]

我们为地质学史上一幅著名插图的小谜题得到解决而欣喜，但同时也确认了德拉贝赫的鱼龙教授画的就是查尔斯·莱尔，这颠覆了传统认知中莱尔在地质学史上的角色。毕竟，教科书中的莱尔是地质学的英雄，因为他将这一学科从空洞的、夸夸其谈的、有神学色彩的猜测中拉了回来，并通过基于实证观察的坚实理性将其确立为一门现代科学。阿奇博尔德·盖基爵士就曾对此做过评论，相关内容在前几章中有所论述。

他以不懈的努力和井然有序的方式，尽其所能地收集

1　具有讽刺意味的是，最初让我将莱尔和鱼龙教授联想到一起的证据——1830年的标注日期——是不正确的。拉德威克表明，德拉贝赫于1831年创作了草稿，后来当他转用索伦霍芬石做石印时，却记错了日期。既然德拉贝赫知道他无非是在讽刺莱尔1830年书中的一句话，他的错误实实在在地成为指认出莱尔的另一种证据。

一切观察结果，以支持"现在是认识过去的钥匙"这一学说。他极其明晰地追踪了现有事物的运行规律，并将其作为衡量过去行为的标准。……莱尔不仅拒绝引入任何不能被证明为当前自然系统一部分的过程，他甚至不承认有任何理由认为地质因素的活动程度与人类经验的活动程度存在重大差异之处。（Gcikic, 1905, p.403）

如果盖基笔下的莱尔准确地描绘了莱尔本人，我们就会面临一个相当大的历史谜题：天哪，为什么这位理性经验主义的英雄一向反对通过无端臆想来建立地质学，但却对鱼龙的回归和翼龙的重现充满遐想？莱尔是否只是像那些伟大的戏剧家一样玩起了必要多样性原则，并提供了一些喜剧效果？他笔下的鱼龙回归功能是否像《哈姆雷特》中凝视约里克（Yorick）头骨的掘墓人一样，或者像油腔滑调的侍臣平（Ping）、庞（Pang）、彭（Pong）一样，让我们暂时忘记图兰朵公主会杀死那些答不出她问题的求婚者？或者莱尔是完全认真的——在这种情况下，传统的美化主人公的传记完全是错的？

在本章中，我将证明莱尔关于未来鱼龙的每一个字都是严肃认真的。若想理解这段话的重要性和严肃性，我们就要再次回到时间之箭和时间之环的隐喻，这是问题的关键。莱尔不是一位公正的经验主义者，而是一个致力于捍卫时间之环的偏执的思想家，他反对那些强烈驳斥无方向世界的文字记录，并且特别列举了证据——从鱼到爬行动物到哺乳动物再到人类的有机进程。

这一论点有必要并将会得到更多的阐述。现在，为了减轻尚未解决的谜题带来的不适，我只想指出，鱼龙的回归只是莱尔从代表进步的化石记录中做出的一种推测尝试，为的是重塑生命复杂性的稳定状态。莱尔认为，我们可能会看到从鱼类到鱼龙再到鲸鱼的进程，但这只是一个大圆的一段上升弧线，这个圆还会绕回来，而不是一条直线前进的道路。在遐想鱼龙之前，莱尔写道，我们现在正处于"大年"，或气候地质周期的冬天，环境比较恶劣，只有更加顽强的温血动物才能够生存。但是，时间之环的夏天会再次到来，"那时，有些动物种类可能就会回来……"

查尔斯·莱尔：自制纸板

莱尔的修辞

正如德拉贝赫在漫画中指出的那样，查尔斯·莱尔本来是律师——一名巧舌如簧、擅长诡辩的大律师。因此，虽然前几章关于伯内特和赫顿的论述部分把不真实的纸板历史作为教科书的宣传内容，但莱尔的神话则是双重打击。伯内特和赫顿的传奇故事大多为后人所构建，而莱尔则是通过撰写最为华丽的辩护书来构建自己的大厦。另外，这种辩护书永久创设的纸板历史还催生了伯内特和赫顿的传奇故事。莱尔所构建的"自圆其说"的历史为以后的地球历史研究带来了负面作用。

　　莱尔的《地质学原理》(1830—1833 年，共出版三卷）第一卷用五个章节介绍了地质学的历史，以及创建恰当的现代地球研究方法的经验。莱尔的这部伟大著作并不像人们通常认为的那样是一部系统地总结所有主流知识的教科书，而是一部一以贯之的、对一个逻辑缜密的论点充满激情的辩护书。该作品中，包括历史导论在内的所有章节都在推动同一个主题，并且这些章节在排列顺序上也能看出这一辩护书是如何一步一步展开的。达尔文在《物种起源》最后一章的引言中写道，"这整本书都是在证明一个论点"，这句话同样适用于莱尔的三卷本著作。

　　在进行总体性的特征描述后，莱尔认为要揭示地质真相，就必须严格坚持他所创立的一套方法论。起初，他并没有为这套方法论命名，但它很快就获得了"均变论"（uniformitarianism）这一冗长的名称［见威廉·惠威尔（William Whewell）1832 年撰写的评论］。莱尔在这部专著的副标题中很好地归纳了均变的本质："试图通过参考当前运行原因来解释地球表面以前的变化。"这一提议似乎非常简单。科学就是对过程的研究。从本质上讲，过去的地质过程是无法观测的，远古历史被尘封在化石、高山、熔岩和波痕等历史遗迹中。要理解过去的痕迹，我们必须将过去的历史与我们能够直接观察的过程所形成的现代现象进行比较。从这个意义上讲，现在必须是认识过去的钥匙（图 4.2）。

　　如果莱尔的均变仅仅是支持了这种非常明显的方法论的话，

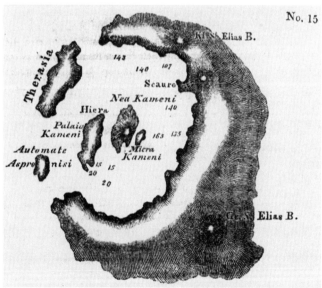

图 4.2 来自《地质学原理》第一版的两幅插图，展示莱尔将古代结果与产生相同结果的现代（且可见）原因进行比较的工作方法。上图：那不勒斯湾的一座现代火山在历史时期观察到的喷发。下图：从地形上看希腊岛屿围绕着一个火山口。大的岛屿是圣托里尼岛，它被认为可能是柏拉图笔下的亚特兰蒂斯。

那么它就不会那么富有争议和发人深省了。但莱尔对均变持有一种比较复杂的看法，他将这种关于方法的共识与关于实质的激进观点，即经验世界的实际运作混合在一起。莱尔认为所有历史事件都可以通过当前运行的原因来解释，是的，每一个历史事件。没有什么古老的原因已消亡，也没有什么新的原因在产生。另外，历史原因运作的速度和强度始终与当前一致，是的，始终。在历史长河中，它们没有发生任何增减。不存在任何远古活力期，也不存在任何缓慢的发动期。简言之，地球自始至终都严格按照目前的方式运行（并保持相同的面貌）。（在下一节中，我将会对均变的各种论述进行分类，包括相互矛盾的部分。现在，我只简单指出莱尔从这些创造性的论述中得到了不少好处）。

莱尔为他包罗万象的均变概念提供了双重辩护。他首先将上述逻辑论证与植根于西方科学的某种特殊的历史论证相结合。在莱尔运用摩尼教传统讲述的他的历史传说中，各种黑暗力量联合起来阻碍进步。通过正义的理性人类的不断斗争，真理的火花开始出现，最终引燃熊熊烈火，征服了迷信和背叛。黑暗力量是那些将历史看作包含不同形态和原因的人，他们让真正的科学难以发展，只能通过徒劳的猜测蹒跚前进。均变是光明的源泉，地质学的进步也会随着它的逐渐推广和接受而达成。"地质学的发展史就是新观点与旧学说之间不断激烈斗争的历史，这种旧学说不仅得到许多代人内在信仰的认可，而且还立

足于《圣经》权威。"（Lyell, I, p.30）[1]

要理解莱尔的影响，我们还必须承认一个科学家很少愿意考虑的因素。真理应该通过逻辑论证的力量和丰富的文献记录取胜，而不是通过修辞的力量。然而，只有理解了莱尔的语言能力，我们才能完全理解他的理论大获成功的原因。科学自行选择了糟糕的写作。虽然科学领域中有优秀的作者，但很少有伟大的文体家。莱尔是一位了不起的作家，他的成功很大程度上反映了他的语言表达技巧，这不仅在于他对辞藻的选择，还在于他阐述和发展论点，以及找到极为贴切的类比和隐喻来支撑论点的不可思议的能力。

莱尔运用修辞[2]来说服读者最为明显的一个例子，是第五章中关于"阻碍地质学进步的原因"。在这里，莱尔通过几个阶段对历史的进程进行了综合性论述：

（1）那些旧有的徒劳的观点都有一个共同的猜想特征（这是因为他们只能通过猜测来辩护这些信念），它们认为，远古地球运行的原因和速度与现代过程迥然不同，莱尔称之为过去和现代的变化模式之间的"不协调"。"这种偏见的来源……是明显地、蓄意地制造这种欺骗，并强化人们所认为的远古自然过程

1　由于我将大量引用莱尔所著三卷本《地质学原理》第一版的内容（如果能够传达他文字中的力量那就再好不过了），下文我将采用只引卷号然后标注页码的惯例。第 I 卷于 1830 年出版，第 II 卷于 1832 年出版，第 III 卷于 1833 年出版。

2　顺便说下，这是我按字面意思使用的词语，并非贬义。

与当今自然过程迥异这一观念。"（Lyell, I, p.80）

（2）对地球的经验观察使得地质学家能够克服这些认为历史具有相异性的迷信思想。

> 最早的观察者设想，地质学家试图解读的那些遗迹，和地球的物理构造与当前完全不同的时期有关，甚至在万物创造之后，还存在与当前自然法则迥异的原因在起作用。他们逐渐对这些观点进行修正，随着观察的增多，其中一些观点完全被抛弃了，之前出现的突变迹象则得到了巧妙解释。[如今]有些地质学家推断，物理事件的均变秩序（uniform order）从没有中断过。（Lyell, I, p.75）

（3）地质学家这种反均变论迷信的瓦解与人类历史上启蒙运动的一般路径相似。

> 我们必须承认，关于远古时代各种现象的交替出现的观点逐渐发生了变化，这与每个民族的智力逐渐出现增长的历史过程是同期出现的。在这一过程的早期，人们将日食、月食、地震、洪水、彗星等大量难以理解的自然现象与随后经常出现的事件过程相结合，认为它们是一种奇迹。道德现象中也同样盛行这种错觉，很多道德现象被归咎于魔鬼、鬼魂、巫术和其他非物质与超自然力量的干预。慢慢地，很多道德和物理世界的谜团得到了解释，人们发现，

它们不是由于外在和无规律的原因，而是依赖于固定不变的规律。哲学家们最终相信了作为次要原因的不偏不倚的均变。（Lyell, I, pp.75-76）

于是，莱尔不通过实际事例，而用基于精妙的思维实验的隐喻来证明均变的正当性。他引述了人类早期的观点，并正确地指出那些认为人类历史只有几千年的人不会支持均变。他辩称，想象一下，在商博良（Champollion）领导的探险队发现了古埃及的遗迹时，如果当时的欧洲人认为人类在19世纪初才最早抵达尼罗河，会是一种什么情况。他们会如何看待金字塔、方尖塔和被毁坏的庙宇？这些历史遗迹"会让他们极其惊愕，一时间根本无法清醒地找寻出其中的原因。他们可能更倾向于将这些伟大工程归功于原始世界某种超人类力量的结果"（Lyell, I, p.77）。

但是，假设探险队当时发现了"大量的木乃伊"，这很显然地说明了很久以前人类就生活在那里，并建造了这些建筑。诚实的观察者（初期的均变论者）可能会修正他们的偏见，并承认是普通的人类建造了金字塔，但那些守旧者却必然发明出更加奇怪的理论，以使木乃伊与坚持埃及早期没有人类居住这种固执观点相协调。莱尔提供了如下几个建议："由于尼罗河只是近期才有人类殖民，那么那些叫作木乃伊的奇怪的东西实际上根本不属于人类。他们可能是某些存在于地球内部的塑造力（plastic virtue）所致，也可能是自然在创造万物时早期努力的失败。"（Lyell, I, p.77）

现在，我们就可以明白莱尔的策略了。他的埃及故事其实讲述的是 17 世纪关于化石性质的大辩论。当时，很多科学家怀疑化石可能是生物的残留物，因为"摩西五经"的编年史过于短暂，无法支持这种大量存在的化石。"塑造力"（*vis plastica*）或"形成力"（*virtus formativa*）理论开始出现。

随着知识的进步，所有人开始承认地球的远古来源，莱尔也开始改变他的比喻。我们不再完全否认人类在远古时期的存在，现在却试图将人类历史压缩到一个极为短暂的时期。

> 对于人类历史长短这一问题来说，关于远古时期万物状态各种严重错误的观点，都可以从以下这种倾向中窥探一二：对于一个大国的文明史和军事史当中的各个事件，人们往往会认为它们发生在很近的 100 多年前，而非 2 000 年前。这种历史很快就会披上浪漫的外衣，而历史事件本身也会失去可信性，且看起来与当前的人类活动过程并不一致。在各种历史事件密集的交替更迭中，会涌现出大量的意外事件。军队和舰队好像刚集结完毕就被摧毁，城市刚建立起来就变成废墟。从对外战争或内部战争到和平时期，是极为激烈的转变，混乱或安宁的年代完成的工作在规模上看似乎非人力所能及。（Lyell, I, pp.78-79）

莱尔还依赖措辞表达他的观点。在第三卷第一章中，莱尔充满激情地重新论述了这种教条的典范，并且以"地质学理论构建的方法"作为标题。在这里，我们再一次看到自负的猜测者与耐心的经验主义者的对比，前者认为过去与现在截然不同，后者则坚持变化模式、速率和数量的均变（Lyell, III, pp.2-3）："他们认为他们有肆意发挥想象力的自由，主要通过猜测而非调查来确定事物的本来面目"；"他们猜测远古时期可能发生的自然过程"；他们更喜欢"推测过去的各种可能性，而不是耐心地探索当下的现实"；他们"发明各种理论"；"再没有什么比假定过去与现在的变化成因不一致这种教条更加误人子弟，更加钝化人们的好奇心"；学生"被教导一开始就灰心丧气"；地质学将"永远无法成为一门精密的科学"，它成了"无限猜测的领域"。最后，莱尔使用了他最为著名的隐喻："我们看到猜测的古老鬼魂死灰复燃了，渴望割断而不是耐心解开戈耳狄俄斯之结。"（Lyell, III, p.6）

相反，莱尔对均变论支持者的赞美则溢于言表。他们致力于"考察事物的本原"，"研究……自然各个时期的过程"；他们"异常耐心地探索当下的现实"，"坦率地接受那些微小但永不间断的突变的证据"；他们"有希望解释这些谜团"；他们"不辞劳苦地""考察目前运行着的火成因和水成因的复杂效应"；他们"真心地、耐心地努力着"（Lyell, III, pp.2-3）。

通过描述莱尔修辞技艺的三种模式，即引用历史、使用隐喻和对比形容词，我试图揭示他是如何将他所青睐的地质学模式建立为一种徒劳猜测和经验事实之间严格二元对立中的正确（和正义）一方。这双方中一方认为远古地球的原因与现在不同，另一方则坚持我们的地球长期保持一种动态稳定的状态。

历史的现实则要更加复杂和有趣。讽刺的是，莱尔最终获胜了。他的版本成了地质学中半官方的文献，直到今天还在教科书里大行其道。当然，专业的历史学家要更为清楚，但他们的理念很少会传达给一线地质学家，后者更青睐这些简单且英雄化的故事。

现代纸板

如果莱尔的观点也是通过纸板抛出的，那么后世对这伟大的二分法的复述就更加简单了。首先，两个阵营都得到了对应的名字——灾变论和均变论，灾变论败阵了，而均变论胜利了。只听名字很难区分二者的细微差别。其次，在人们不断的复述中，灾变论者的立场看上去越来越愚蠢，而且具有讽刺意味。特别是，莱尔注意到，到1800年，学界已经普遍不认可《创世记》中宣称的5 000年时间尺度，而他在科学界的同事（最多）被指责在他们修订版的估算中没有考虑到足够的百万年。（这种观念上的转变促使莱尔在隐喻中从埃及木乃伊转向加速发展的世代。）但后来出版的教科书通常模糊了这一区别，并认为莱尔那个年代的灾变论者仍然遵循"摩西五经"年表。这一荒唐的错误使得最后一步得以实现——莱尔被加冕为拒绝明显奇迹（把1830年才揭开的复杂历史塞进短短5 000年的唯一方法）而使地质学成为一门科学的人。简言之，灾变论者成了为宣扬《圣经》而编造奇迹的鼓吹者，他们的做法阻碍了地质学成为一门严格意义上的科学。本章的后续内容将展示在莱尔所处的年代，灾变论者并不是那样的鼓吹者，相反，他们都是相当优秀的科学家，既接受古代地球的观点，也接受均变论在方法上的意义。灾变论遵循《圣经》时间顺序这一说法在逻辑上是错误的，因为中心论点的两个侧面是不对称的。一个只有 5 000 年时间尺度的地球，其变化是全球性的突变，这一观点无可厚非，但相信有世界性灾难的存在并不意味着地球很年轻。地球可能已存在几十亿年，但其变化可能仍然集中在突发时刻。

举个例子。洛伦·艾斯利（Loren Eiseley, 1959, p. 5）在关于莱尔的最著名的现代文章中，混淆了 1830 年在科学家中已经过时的旧式圣经直译主义和莱尔在科学灾变论者中的真正对手，因此把莱尔描述成真理的白衣骑士："当他进入地质领域时，那还是一片怪异的、半明半暗的景象，到处是大地震和大洪水，有超自然的创造，也有生命的灭绝。名人贤士靠自己的名声让这些神学幻想看上去有理有据。"

二分法这种"游戏"需要双方旗鼓相当。在教科书纸板上，灾变论者乔治·居维叶是莱尔的对手。他接受《圣经》的时间顺序（或至少认为地球存续时间较短）；他主张在每次大灾难中生命全都消失殆尽（以及之后奇迹般的重生）；他可能有意识地为反科学的教会工作。这是对事实多么庸俗的歪曲！事实上，居维叶可能是 19 世纪科学界最优秀的知识分子，受到法国启蒙运动的熏陶，他将教条主义神学视为科学的诅咒。他是一位伟大的经验主义者，相信地质现象的字面解释。在他看来，地球也受到时而出现的突发事件的影响，但地球已经存续了很长一段时间，跟莱尔认为的一样。他认为，灾难后许多动物群的变化代表了物种迁移，即先前存在的生物群从遥远地区的迁移。莱尔和居维叶之间的真正争论，或说均变论和灾变论的争论焦点，是关于物质的宏大科学论题，而关键主题便是时间之箭与时间之环。然而，让我们再看看 20 世纪 50—70 年代三本畅销书中的一些教科书纸板内容：

吉卢利、沃特斯和伍德福德（Gilluly, Waters, and Woodford, 1959, p.103）这样评论居维叶："居维叶认为，这些（灾难）摧毁了所有现存的生命，并在每一次灾难之后创造了一个全新的动物群：这种被称为灾变论的学说无疑在一定程度上受到了《圣经》中大洪水故事的启发。"到了第三版（Gilluly, Waters, and Woodford, 1969），他们更加坚信这一说法，用"毫无疑问"代替了"无疑在一定程度上"。

朗威尔、弗林特和桑德斯（Longwell, Flint, and Sanders, 1969, p.18）说："一些地质学家虽然承认地球发生了变化，但认为所有的变化都发生在《圣经》的时间范围内。这意味着这些变化必定是灾难性的。"

斯宾塞（Spencer, 1965, p.423）说："学习地质学的大多数学生都认为地球只有几千年的历史，并且，地球历史曾因一场或多场灾难而中断，在这些灾难中，所有生物都遭到了灭顶之灾，而新创造的生物随之而来。"

又如，斯托克斯（Stokes, 1973, p.37）在《历史地质学》的引言中写道："居维叶认为挪亚洪水席卷了整个地球，并为现在宜居的环境创造了条件。教会很高兴得到这样一位杰出科学家的支持，毫无疑问，居维叶的名人光环让人们很晚才接受更准确的观点，而更准确的观点最终还是占了上风。"

最后一个例子。一位优秀的美国科学作家伦斯伯格（Rensberger, 1986, p.236）在他关于科普的新书中写道："在莱尔出版这本书之前，大多数有思想的人都接受了这样一种观点，即地球还很年轻，即使是它最壮观的地貌，如山脉、沟谷、岛屿和大陆，都是突然发生的灾难性事件的产物，其中包括上帝的超自然行为。"

另外，在上述文本中，野外工作被认为促进了均变论启蒙运动："是莱尔通过大量的野外调查并做记录，从而重新介绍了赫顿的想法，直到那时，赫顿的思想才开始流行开来。"（Rensberger, 1986, p236）"灾变论的败阵可能是对神学教条主义的反应，但对大多数人来说，这是对自然的实际观察的结果。"（Stokes, 1973, p.37）"随着地质知识的积累，将历史事件框定在短暂且固定的时间段来解释是远远不够的，因为这样的事件越来越多。"（Longwell, Flint, and Sanders, 1969, p.18）

但这有什么关系呢？为虚幻的过去增加一些英雄主义色彩有什么害处呢，尤其是如果这样能促进科学的进步？我认为，我们把自己视为"实践"科学研究的人因此而歪曲了历史，这才是危险的。如果我们将均变论等同于真理，并将灾变论中的经验主义主张贬为神学秘密的不可思议之处，那么就是将一个狭隘的地质过程视为"先验"真理，同时也不可能在权衡后做出合理选择。如果我们相信均变因为有野外工作作为支撑而大获全胜这一过分简单的观点，那么我们将永远无法理解事实和理论如何与社会背景相互作用，也永远无法抓住自己思维中的偏见（因为我们只会把我们珍视的信仰认定为自然指示的真理）。

此外，基于本书所讨论的内容，我接下来会用一个特别的理由反驳纸板历史。我们回顾莱尔对易懂且高明的灾变论的实质性反对，就能立刻认识到真正的争论不是教条主义与野外工作，而是根源于作为本书主题的对立的经验主义之间的冲突，即时间之环和时间之箭隐喻之间的冲突。莱尔不是真理和野外工作的白衣骑士，而是一个植根于时间之环稳定状态的理论提供者，这一理论独一无二且趣味无穷。他试图通过修辞的手法将这一实质性理论与理性和公正等同起来，并在很大程度上取得成功。因此，除非我们突破所有纸板历史中最为封闭的部分，否则我们无法理解时间之箭和时间之环在确立我们的时间和过程观念中的重要性。这应该不难。毕竟，纸板是很脆弱的东西。

莱尔修辞手法的胜利：对灾变论的误判

阿加西的注解之谜

伟大的瑞士科学家路易斯·阿加西（Louis Agassiz）在哈佛

安家，并建造了我所在的博物馆，是一位普通的灾变论者。他发展了大陆冰川作用的理论，但主张地球曾被冰层覆盖，那时所有的生命全都死亡，而后来的神圣力量再造了生命。在莱尔树立的二分法体系里，阿加西只能是一个劲敌。

大约十年前，我在博物馆图书室的开放书库里发现了阿加西收藏的莱尔《地质学原理》副本。其中包含了一些引人入胜的注解，如果莱尔的伟大二分法准确地代表了他那个年代在地质问题上的争论，我们就无法理解这些注解。阿加西在莱尔1834年出版的伦敦第三版序言空白处用法语写了三条评论，签名为"阿加西·阿诺沙特尔博士"（Dr. Agassiz à Neuchâtel）。（尽管阿加西和莱尔在学术上有分歧，但私下里是密友。）

前两条评论都符合我们对灾变论对手的预期。阿加西首先讨论了现代原因之间差异的范围，暗示莱尔错误地将过去的大规模事件归因于小而缓慢的变化的积累。阿加西坚持认为，许多现代原因都是实质性的和突然性的，他对莱尔关于今天的各种过程会形成统一集合这种说法嗤之以鼻："这些原因是相同的，比如，产生好天气的原因和下暴雨的原因是相同的。但人们不会将二者归为一类。原因总是有多种多样的类别。"

第二条评论将这一论点延伸到了过去，并抨击了均变论的一个基本前提：大范围的现象是小变化的总和。"但因为这些变化在我们生活的年代并不总是具有相同的强度，它们过去的作用机理也与今日不同。因此，它们在任何时候都不同于重大变化，而这些重大变化从来不是由微小变化的累积引起的。"

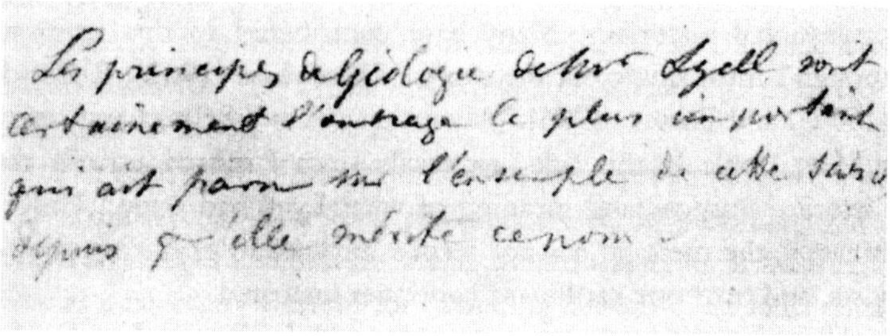
Les principes de Géologie de Mr Lyell sont
certainement l'ouvrage le plus important
qui ait paru sur l'ensemble de cette
depuis qu'elle mérite ce nom.

图 4.3　阿加西在他的莱尔《地质学原理》副本中，将他的最高赞誉与批评意见一起匆匆写了下来。

到目前为止，阿加西的言论基本符合我们的预期。然后我们来看他的总结陈述，用铅笔写在左边的空白页上，正对莱尔总结的开头（图 4.3）：“莱尔先生的《地质学原理》无疑是这门科学中出现的最重要作品，因为它的确名副其实。”这段陈述显然是阿加西亲笔所写，代表了他自己的评论，而不是抄写自其他评论者。（Gould, 1979）我们之前看到阿加西对莱尔的轻蔑言辞，一个灾变论者怎么能如此高度赞扬莱尔？这很蹊跷。要么阿加西不是一个真正的灾变论者（但我们找不到比他更好的），要么他试图讨好自己（但不是在私人笔记中）；要么他反复无常，要么是在挖苦人（尽管他没有表现出任何这样的特征）。我有个答案或许能解决这个问题：被后来的教科书纸板所扩大的莱尔二分法，完全是错误的。19 世纪 30 年代地质学的学术之争，其实并不是均变论现代主义者和隐藏着神学意图的灾变论保守派之间的战争。

均变论的多重含义与莱尔的创作混乱

那时我在安蒂奥克学院读大一，上地质学的课时，教授带我们去了一座石灰华（由泉水沉积的石灰岩）山，并告诉我们，根据被称为均变论的原理，那座山有 15 000 年的历史。他告诉我们，一位同事测量了当前的累积速率。均变原则允许我们假设这个速率是恒定的——每年 1 毫米（或其他速率），外推到这座山的底部，得出了 15 000 年的年龄。教授补充说，如果我们不接受自然规律在空间和时间上的恒常性，我们就无法将科学应用到当下之外。

年少时期的我很少质疑教授的言论，但这种观点似乎是错误的。我可以理解自然规律，但俄亥俄州西南部的石灰华山的恒定积累是一件事，而不是一个原则。为什么石灰华在 10 000 年前不能以两倍速度形成呢？或者在沉积期间隔的很长一段时间里根本没有堆积呢？我接着去翻阅了莱尔的著作和关于均变论的经典文献。

当然，莱尔从未如此粗略地混淆过原则和细节，但我很快发现，他将一系列杂七杂八的观点主张都放到了均变的大范畴下。特别是，他以更加微妙的形式将方法论原则与实质性主张混为一谈，这导致了我的教授关于石灰华山的错误认识。我发表了我的第一篇论文（Gould, 1965）论述均变论的多重含义及地质文献中普遍存在的混乱，辩论者各执一词，一方援引均变的一个含义来支持自己的主张，而另一方则用不同的定义推翻它。

尽管人生在大多数时候都最好忘记，但人人都有属于自己的骄傲时刻。我那时只是俄亥俄州一所小学院的一名初学者，但我注意到了这一首要混乱，这是我人生的高光时刻。与此同时，专业历史学家们正在酝酿一场重估莱尔纸板历史的重大修正主义运动。许多人对该运动做出了贡献，然而其中最杰出的要数霍伊卡（Hooykaas, 1963）、拉德威克（Rudwick, 1972）和波特（Porter, 1976）。（我所提出的不过是这场浪潮中一个姗姗来迟的、微不足道的涟漪，尤其是因为我完全没理解莱尔所做一切的历史目的和意义。）不幸的是，这一浪潮并没有波及一线地质学家，教科书纸板的相关内容也有增无减。

所有修正主义者都同意一个中心论点，即莱尔将两种不同的主张都放到了均变的标准下：其一是关于正确科学程序的方法论陈述，其二是关于世界如何真正运作的实质性信念。方法论原理受到科学家的广泛赞誉，所有地质学家都欣然采纳；实质性主张是有争议的，在某些情况下，很少有其他地质学家接受这一主张。

莱尔接着耍了个小花招，如果用后来的成功衡量，这也许是整个科学史上最巧妙的修辞手法。他将所有这些不同的含义都称为"均变"，并认为既然所有一线科学家都必须接受方法论原则，那么实质性主张也一定是正确的。就像狡猾的奥德修斯紧紧抓住羊的肚皮下面一样，均变可疑的实质意义通过牢牢抓住所有科学家都接受的方法论原则，悄悄溜进地质学的正统观念——绕过被莱尔用修辞手法蒙蔽双眼的独眼巨人。

莱尔是不是有意使用这一诡计，我们不得而知——我猜他是无意的，因为他那坚定的承诺可能导致了一种个人信念，即所有意义都必须是先验的。无论如何，莱尔修辞上的成功肯定是 19 世纪地质学中最重要的事件之一，因为一部"官方"的历史由此诞生，就像以地球自己的方式，将一种关于变化本质的限制性观点奉为神圣。如果有科学家试图说服你历史无关紧要，只是储存了过去的错误，请告诉他莱尔修辞的胜利的故事，及其在指导地质学研究一个多世纪中的作用。

拉德威克基于我对该方法论和实质性主张的分类，将莱尔《地质学原理》中的均变划分了四种不同的含义。(Rudwick, 1972)

（1）规律的均变（The uniformity of law）。自然规律在空间和时间上是恒定的。哲学家们早就认识到（特别是 J. S. Mill, 1881），只有基于自然规律是恒定的这一假设，我们才能将归纳推理扩展到不可观察的过去。（正如 C.S. 皮尔士所指出的，归纳法可以被视为在可观察的现在中的自我纠正，但我们永远无法看到过去的过程，并且无论当前重复多少次，都不能证明现在的原因在过去也以同样的方式起作用。因此，我们需要假设自然规律是不变的。）或者，正如詹姆斯·赫顿以令人钦佩的直率写道："如果今天落下的石头明天自己升起来，自然哲学将终结，我们的原则将不再适用，也将不可能从我们的观察中研究自然规律了。"(Hutton, 1795, I, p.297)

（2）过程的均变（The uniformity of process）。如果一个过去的现象可以由现在正在进行的过程来解释，就不要编造大灭绝或未知的原因来解释它。这一原则有一个令人困惑的名字"现实主义"（actualism），因为它的同源词（*actualisme, Aktualismus*）在大多数大陆语言中的意思是"存在"，而不是英语中的"真实"。因此，现实主义是一种概念，即我们应该尝试用现在正在运行的原因来解释过去。哲学家纳尔逊·古德曼（Nelson Goodman，1967）指出，现实主义只不过是地质学自身表达科学方法论一般规则的一种方式，即所谓的简化原则：如果现有的过程足够解释，不要发明额外的、奇特的或未知的原因来解释，无论在逻辑上多么合理。

这两种均变的含义是关于方法论的陈述，而不是关于地球的可验证主张。你不可能去一个露头观察自然规律的恒常性或未知过程的虚无性。实际上，这个顺序是相反的：要继续从事科学家这个职业，你得首先假设自然规律是不变的，并且要有决心找一切熟知的原因去解释现象；如果实在解释不了，才转向发明未知的机制，然后再去观察露头。上述两个均变——归纳和简化，是地质学的基本原理，无论莱尔时代还是今天的一线科学家都接受它们。

但莱尔的其他均变在地位上却截然不同，它们是关于地球的可验证理论：这些理论可以根据经验判断为真或假。

（3）速率的均变，或渐进主义（Uniformity of rate, or gradualism）。变化的速率通常是缓慢、稳定和渐进的。大尺度的现象，从山脉到大峡谷，都是漫长的时间里由无数极细微的变化累积而成，并产生了巨大的影响（图4.4）。当然，重大事件确实会发生，尤其是洪水、地震和火山爆发。但这些灾难严格来说是

The dotted line represents the sea-level.

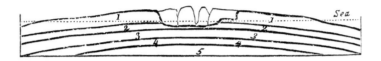

图 4.4　莱尔渐进主义的一个经典案例："威尔德林区的剥蚀"（denudation of the Weald）。这个被侵蚀的盆地（顶部）的地质结构如同一个巨大的圆顶，在白垩纪白垩地层沉积后呈弓形（图中编号 1）。下图代表圆顶形成后不久，在圆顶顶部的白垩沉积物中初始的破裂和侵蚀。上图显示，由于白垩地层和下伏地层的逐渐侵蚀，现代盆地形成，北部和南部丘陵（原始穹顶的直立侧面，编号 1）大幅分开（通过剥蚀）。莱尔渐进主义的主要案例使得达尔文犯下了他最为人所知的错误。在《物种起源》第一版中，达尔文用威尔德林区的剥蚀来说明地质渐进变化的缓慢进程。他估计这样的剥蚀所需的时间为 3 亿年（尽管白垩地层沉积的实际时间仅为 6 000 万年左右）。达尔文受到严厉批评后，在后来的版本中放弃了这一测算。（插图出自莱尔《地质学原理》第一版）

局部的，它们之前没有、未来也不会以比当前更高的频率或更大的程度发生。特别是，整个地球不会像一些理论家所认为的那样急剧震动。例如，谈到洪水，莱尔写道：

> 它们可以被引入关于过去的地质学推测中，只要我们不把它们想象成比我们预期的更频繁或更普遍。（Lyell, I, p.89）

莱尔用他特有的修辞手法为第三个均变辩护。例如，他引用了辉格式的历史进步观，断言世界范围内的突发事件在人们脑海中之所以挥之不去，是因为人们过去受到过重创，就像以前的人们在雷电前会恐惧地蜷缩。

> 野蛮部落的迷信通过社会的所有渐进阶段传播，直到它们对哲学家的思想产生强大的影响。他可能会发现，地球表面以前的变化的遗迹，显然证实了从粗野的猎人那里流传下来的信条，他那被吓坏了的想象力描绘了那些可怕的洪水和地震，使他所知的整个地球同时遭到破坏。（Lyell, I, p.9）

进步的本质就是累积的缓慢变化取代突发的灾难：

> 人们的思想缓慢而不知不觉地从想象中的灾难和混乱的画面中抽离，就像早期宇宙论者所想象的那样。人们发现了大量证据，证明沉积物的平静沉淀和有机生命的缓慢发展。（Lyell, I, p.72）

（请注意，思维的发展是如何反映自然自身的方式——"缓慢而不知不觉地"。）

灾变论本质上是反经验的：

> 他们不承认自己的无知程度，不努力通过揭示新的事实来消除这种无知，而是懒惰地构建关于宇宙系统中的灾难和强大变革的想象理论。（Lyell, I, p.84）

因此，我们可以拒绝世界范围的甚至是大规模的区域性灾难的想法：

> 假设自然界在以往任何时代都是吝惜时间而滥用暴力的——想象当一个地区剧烈震动时另一个地区也不平静，那些令人不安的力量没有被控制住，从而永远不会在整个地球上，甚至在一个大的地区同时造成破坏和毁灭，那是违反类比的。（Lyell, I, pp.88-89）

这五段引文说明了莱尔的辩论风格。他确立了均变的某些含义——规律和过程，作为科学方法的必要假设，然后试图通过用同样的逻辑必然性来阐述关于地球经验行为的有争议的观点，从而赢得类似的地位。

（4）状态的均变，或非进步主义（Uniformity of state, or non-progressionism）。变化不仅缓慢而均匀地分布在整个空间和时间上，我们地球的历史也没有沿着任何必然的方向前进。地球过去的外表和行为跟现在一样。[1]变化是持续的，但不会带来任何结果。地球处于平衡或动态稳定状态，因此，我们可以用地球当前的规则（不仅仅是规律和变化速率）来推断它的过去。例如，陆地和海洋在节律运动中不停变换位置，但始终保持大致相同

1　和赫顿一样，莱尔回避了关于终极起源和结束的猜测。毋庸置疑，这些时刻必然背离状态均变，但科学无法解释。均变性适用于地质记录中所记录的时间的广阔全景。

的比例。洪水、火山和地震一直以相同的频率和程度造成破坏。早期的地球没有发生比这更剧烈的震动。

莱尔还将状态均变扩展到生命中。物种是真实的实体，其在空间和时间上有其起源，有确定的绵延，并有灭绝的时刻。物种的起源和灭绝并不集中在大规模死亡或辐射事件中，而是在空间和时间上均匀分布，这是另一种动态稳定状态，即引入和移除相平衡。此外，我们不能通过物种引入的时间安排推断组织或复杂性方面的进展，也无法通过物种存在的时间链推断有什么进展。莱尔认为地层起源的进步表象（例如，脊椎动物历史中，从鱼类到爬行动物到哺乳动物再到人类）是虚幻的。他相信哺乳动物生活在最早的古生代（Paleozoic times），未来的勘探将从这些古老的岩石中找到哺乳动物的化石遗骸。

莱尔将第四个均变延伸到生命中，这让许多人感到非常困惑。他们可以理解物质世界中状态均变主张背后的力量，但我们肯定知道，生命必然是以进步的方式变化的。然而，对于莱尔来说，生命与物质世界的联系是直接和必要的。他认为，物种的出现（无论通过上帝之手还是某种未知的次要原因）完全适应了物理环境。生命状态的任何渐进变化只能反映物理环境的相应变化。由于状态均变弥漫在气候和地理中，因此生命也必然参与这种无方向的舞蹈。

莱尔用他应用于渐进主义的相同修辞手段来为状态均变辩护：他将这一关于事物本质的可检验的、有争议的理论与方法论准则相结合，而所有科学家都接受方法论准则，这样一来，就可以确保时间之环作为理性本身一个必要组成部分的"先验"地位。

举两个例子。莱尔经常反对方向性理论，但他反驳的方式不是引用相反的证据，而是认为过去地球是不同的这一主张无法被人探究，甚至无法理解。水成论认为地表曾是从海洋中经沉积而形成的，他驳斥这一古老理论，但并没有提供地层学证据，只是觉得从原则上讲，水成论主张的古代地球与我们现在的地球状态大不相同：

> 如果在过去某些时期，岩石和特殊的矿物成分同时沉淀在"宇宙海洋"的地面上，从而使整个地球出现一系列的同心圈层，那么地质学中相对年代的确定就可能是一个最简单的问题。事实上，要解释这种现象是很困难的，或说是不可能的，因为这种现象意味着地球从前的状态与现在的状态没有任何相似性。（Lyell, III, pp.37-38）

在莱尔所有言论中，最惊人的是，尽管无数证据表明地球历史显然存在方向性的变化，但他仍用一系列策略证明这些变化保持着状态均变：

> 如果我们无法解释过去的变化痕迹，那么更有可能的是，这种困难是由于我们不了解所有现存因素，或者它们在一段不确定的时间内可能产生的所有影响，而不是由于

某些原因以前在运行，但现在已经停止作用；如果在地球的任何部分，某种原因的能量似乎已经减弱，那么总是有可能其作用强度的减弱只是局部的，当考虑到整个地球时，其力量没有受到影响。但是，如果我们有一天通过明确的证据证明，在过去的特定时期，某些因素在整个地球表面上的作用比现在更有力，那么，假定在一段时间的静止之后，它们会恢复原始的活力，而不是把它们看作已经耗尽，这将更符合哲学的谨慎。(Lyell, I, pp.164-165)

我多年来一直引用这段话，每次都会感到吃惊。莱尔基于尚可接受的第二个均变，潜移默化地让我们接受关于状态均变的实质性主张。最后，莱尔实际上认为，我们应该拒绝方向性变化这一理论，即使"在整个地球表面上有明确的证据表明……"，因为我们有权利预料任何已经明显耗尽的因素在未来将恢复它从前的强度。

真正的灾变论者请发声：阿加西悖论的解答

这一诠释可以解决阿加西悖论，即阿加西个人因反对莱尔的解释而提出的悖论。阿加西并不认为1830年的地质学界是科学经验主义者和神学辩护者之间的战场。作为一名科学家同行，阿加西认同规律和过程的方法论均变。作为一名灾变论者，他将脊椎动物的历史视为一系列进步的故事，并拒绝接受速率和状态的实质均变。总的来说，阿加西赞扬莱尔在方法论方面的构思精巧、合情合理，这种正面的肯定远远超过了他们关于地球行为长期存在的分歧，因为无论当时还是现在的科学家都已经认识到，他们的专业是由其独特的研究模式决定的，而不是由其对经验真理不断变化的看法决定的。

就像我们的年代有许多冯·丹尼肯（von Däniken）一样的科学创世论者和信仰治疗师，莱尔时代的科学界也充斥着骗子和保守派，而这些人常常得到公众的广泛支持。因此，阿加西非常衷心地认可莱尔对科学方法的优雅的辩护，称之为"最重要的工作……因为［地质学］名副其实"。一旦我们摆脱了纸板式的刻板印象，即认为莱尔的科学之光与阿加西的神学黑暗之间是绝对对立的，而通过理解双方的认知并掌握他们的实质性共同点，那么我们对阿加西在严厉批评莱尔后又赞扬莱尔这种大跨度的转变就不会感到意外了。莱尔的二分法被后来的教科书纸板夸大了，同时代大多数人都不会接受甚至认可这种分类法。在阿加西的分类系统中，若一方支持富有成果的科学而另一方反对，那么他会和莱尔站在同一方。

为了呈现灾变论者支持规律和过程的方法论均变的证据，接下来我要举两个主要的纸板式的"反面人物"，他们通常被视为现代科学的敌人。本书第二章就已经证明，伯内特对规律均变的严格遵守不仅决定了他研究地球的方法，而且具有讽刺意味的是，这种严格遵守也直接激发了他一系列异想天开的臆测，导致他在现代教科书中名声扫地。伯内特认为《圣经》上描述的是不折不扣的事实。如果他此前愿意承认神迹是地球变化的原因，那么他的解释就跟《创世记》的解释差不多。相反，伯内特一直致力于通过规律均变，将牛顿物理学的工作原理应用到各种精巧的《圣经》故事，同时辅以关于水源和地形形成过程的宏伟而奇特的猜测。不过，伯内特基于方法论的原因反驳了神话中的大洪水事件，甚至用了莱尔最著名的一段话中的隐喻来为规律均变辩护："他们说，简而言之，全能上帝创造水是为了制造大洪水事件……这几句话就解释了这件事的来龙去脉，是为了让我们在纠结之时割断绳结。"（Burnet, p.33）

　　法国地质学家阿尔希德·德·奥比格尼（Alcide D'Orbigny）通常被公认为莱尔同时代最古怪的灾变论者。他确定了大约28次全球突发事件，比如火山爆发、海啸和毒气喷发等，这些事件导致了生命的毁灭。然而，奥比格尼接受了过程均变的现实主义原则。他建议我们应该从现代过程开始调查："现在起作用的自然原因一直存在……为了合理解释所有过去的现象，对当前现象的研究是必不可少的。"（D'Orbigny, 1849—1852, p.71）接着，他参照阿加西的做法，赞扬了莱尔这种恰当的强调（尽管他觉得最高荣誉应颁给他的一位同胞）："地质系统中，我们应该用现在起作用的原因来解释地球的地层，这一伟大理论的先驱无疑是康斯坦特·普雷沃斯特（Constant Prevost）先生。莱尔进一步发展了这一系统，并得到了大量研究的支持，这些研究既充满智慧又巧妙，科学界应该对此表示感谢。"（D'Orbigny, 1849—1852, p.71）

　　奥比格尼和阿加西都承认莱尔的方法，即调查必须从目前的过程开始，先考虑现代原因，再考虑大灭绝或外来的原因。他们的分歧在于世界对这种共同方法的反应。莱尔认为现代原因足以解释过去的一切。阿加西和奥比格尼将现实主义视为一种减法，用于识别现代原因的不变基底，从而突出了需要用当前范围之外的过程进行特殊解释的现象。

尽管如此，奥比格尼也承认，现代原因将极大帮助我们理解过去的灾难，因为突发事件可能是由类似的现代力量造成的，只是程度更强。例如，奥比格尼认为，地震期间地形的所有变化"对我们来说，都是小规模的，而且影响比过去要小得多，过去这种大扰动普遍发生，并导致各个地质时代的结束"（D'Orbigny, 1849—1852, II, pp.833-834）。

因此，大家一致认为，在解释过去的所有可能工具中，最有价值的是对现代原因的种类、范围、速率和程度进行适当的分类。莱尔的相关汇编是有史以来最好的。我相信，是这种精心制作的详细分类，为莱尔赢得了阿加西等灾变论者的赞誉。

因此，莱尔和灾变论者之间的真正争论是一场复杂的实质性争论，争论者是那些在研究方法上意见一致的人。莱尔将速率和状态的实质均变融合在一起，形成了一个动态地球的强大构想，不断运动，但总体外观或复杂性从未改变——地球始终是一点一点缓慢变化的，而不是由全球突发事件导致变化这种单一的模式，也不在世界范围内交替出现动荡和平静、隆升和侵蚀。

莱尔对詹姆斯·赫顿的态度说明他混合了几个实质均变。莱尔赞扬了赫顿提出的无方向世界机器，包括其无休止的隆升、侵蚀、沉积、固结、再隆升的循环阶段，这是与第四种状态均变完美协调的地球力学。但莱尔批评赫顿将其循环的各个阶段视作在全球范围内接连发生的，特别是隆升时期的灾难性特征，这违反了第三种速率均变。他指出，赫顿理论的一个"主要缺陷"是"假设对立力量的行动不是同步进行：首先是假定先有大陆逐渐消失的时期，然后才是新大陆因剧烈动荡而隆升的时期"（Lyell, II, p.196）。莱尔坚持地球是缓慢朝着各个方向运动的。

没有任何逻辑联系可以将速率和状态这两个实质均变统一起来。人们可以像赫顿一样，接受无方向性，同时提倡灾难性的隆升时期。但莱尔的构想将两个实质均变紧密地结合在一起。下文将把莱尔速率与状态的结合称为"时间的缓态循环"（time's stately cycle）[1]，这是他的世界观的精髓。

类似地，由于听到"灾变论"这个名字，我们可能驳斥性地认为它与第三（速率）均变相关，而这股潮流的冒充者可能会支持无方向的突发事件。但其实，莱尔时代所有著名的灾变论者同样将速率和状态的均变联系起来——通过否认它们二者。从法国的居维叶、奥比格尼和埃利·德·博蒙特（Elie de Beaumont），到瑞士的阿加西（后来加入了美国国籍），再到英

1　stately 的意思包括"庄严的、宏伟的、从容不迫的"，直译应作"时间庄严循环"，但作者是用 stately 一词体现 rate（速率）和 state（状态）的结合，故本书中将 time's stately cycle 译作"时间缓态循环"，"缓"表现"速率"，"态"指代"状态"。——译者注

国的巴克兰和塞奇威克，他们一致认为，在古代地球上，偶尔发生的突发性变化一直是重大变化的主要模式。这些灾难的发生是最早的和内在的方向性的直接后果，同时也引发了地球的冷却，导致生命体越来越复杂。灾难和方向之间的联系如此紧密，以至于马丁·拉德威克等历史学家倾向于将这一理论称为"方向主义综合体"。

莱尔那个年代的灾变论者大多数都是优秀的科学家，而非莱尔笔下那种残余的神迹贩子，因此他们的灾难和方向的独特联系是建立在备受尊重的物理学和宇宙学理论之上的。一言以蔽之，地球是在高温状态（熔融或气态）下形成的，这是康德和拉普拉斯的星云假说所主张的，在当时是太阳系起源的主要理论。根据大型天体的物理学原理，随着时间的推移，地球已经稳定地冷却了。当地球冷却时，体积会收缩。外壳固化，但熔融的内部会继续收缩，并从坚硬的地表"抽离"。这种收缩导致地表越来越不稳定，直到坚硬的地壳破裂、坍塌。地球间断的突发事件就发生在这些剧烈调整的地质时刻。这些突发事件可以解释一系列经验现象，包括山脉的线性收缩或断裂。由于生命适应环境，地球变冷的严酷世界产生了更好地适应环境的更复杂的生物。

这个关于地球和生命的理论很有说服力，莱尔对此如何回应？在某种程度上，他回应以科学教授的既定理想，即通过用证据和理论论据捍卫自己的观点（见本章下一节）。但他也用同样成功的修辞进行了反击：再次将现象和程序混为一谈，认为灾变论的实质性主张在原则上是不可理解的，因为所有科学家都接受规律和过程的方法论均变。

莱尔在其"气候变迁的原因"一章的历史性导言中就开始对埃利·德·博蒙特的灾变论物理学展开攻势。(Lyell, I, ch.7) 莱尔认为，博蒙特对古代地球上不同原因的担忧是理解气候上的地质变化的错误方式。他将博蒙特称为"宇宙进化论者"，认为他是反派，并认为博蒙特"利用这一方式，以及地质学中所有的晦涩问题，来证实他关于一个时期的观点，当时有生命和无生命世界的自然规律完全不同于现在确立的规律"(Lyell, I, p.104)。莱尔选择了最古怪的一些遥远而不可信的想法作为事例，特别是伯内特提出的地球在挪亚洪水之后改变了轴向倾斜。然后，他迅速将这些被抛弃的幻想转换为从原始熔融状态到备受尊敬的定向冷却的概念，同时又成功地将当代灾变论的物理基础与不可信的彗星碰撞混为一谈，从而得出结论，即他所处年代最好的物理学结论都是徒劳的推测。然后，他基于方法论的理由，先验地拒绝了定向冷却这一理论：

> 当天文学的进步使这个理论问世时（伯内特的地球轴向倾斜），假设地球在其诞生时处于流动、炽热状态，并且自那个时代以来，地球一直在冷却，体积在缩小，并最终形成坚硬的地壳——这一假设同样武断，但更为精巧以至于长久流行，因为这一假设将我们的思维直接指向事物的开端，这样一来，这一假设就不需要观察的支持，也不用

编造其他假设来支持。对这种解决方案感到满意的人就不必再去探究目前地表热扩散的规律了，因为无论我们怎么确定这些规律，它们都无法对原始地球的内部变化做出全面而准确的解释。（Lyell, I, pp.104-105）

莱尔随后提出了自己的建议：

　　但是，如果我们不再对地球诞生时的状态进行模糊的猜测，而是将我们的思想聚焦于目前气候与陆地和海洋分布之间的联系上……我们也许会接近一个真实的理论。如果怀疑仍然存在，那应该归咎于我们对自然规律的无知，而不是地球运行方式的变革。正因如此，我们才应努力进行更深入的研究，而不是怂恿自己胡思乱想，为原始世界构建想象中的治理体系。（Lyell, I, p.105）

后来，莱尔攻击博蒙特，因为他的"连续的变革……不是由普通的火山力量所导致，而可能是因为我们星球受热的内部受到的长期冷却"（Lyell, III, pp.338-339）。莱尔重申，他倾向于内部火山热量焦点是变化的，从地表一点移动到另一点，但强度在时间上是恒定的：因为这一想法假定"小地震反复发生"，而不是不可接受的"突发性暴动"（Lyell, III, p.339）。莱尔不是用支持状态均变的事实攻击博蒙特，而是声称方向主义是不科学的（"极为神秘"）：

博蒙特先生关于地核的"长期冷却"的推测，被认为是山脉瞬间隆升的一个原因，在我们看来，这一推测极为神秘，而且并不是基于任何事实的归纳；地下火山热量的间歇性作用是一个已知原因，它能够引起地壳的上升和沉降，同时不会中断宜居地表的一般静止状态。（Lyell, I, p.339）

但是，保持地表一般静止状态的原因，有哪些在本质上更可取呢？

莱尔和灾变论者的精彩论战是关于世界运行方式的实质性辩论，而不是关于均变在方法论方面的争论。在这场论战中，历史被看作是有方向性的，指向更冷的气候和更复杂的生命体，并受到偶尔发生的灾难的推动，这与莱尔的观点背道而驰。莱尔认为：世界不断运动，其在物质和状态上始终相同，在庄严的舞蹈中一点一点变化，没有方向。这场辩论仍是有史以来关于时间之环和时间之箭构想的最伟大论战，我们因为莱尔修辞的成功而迷失在危险之中。

莱尔对时间之环的辩护

莱尔探索表象背后的独特方法

莱尔的作品可能充满了各种修辞手法，但正如阿加西所指出的，这是一场充满了各种有趣论据的智识之旅。

莱尔和他的反对者即灾变论者不仅在对地质记录的解释上存在分歧，而且在野外证据调查的基本方法上也有区别。鉴于莱尔在修辞上称他的对手为只会纸上谈兵的反经验主义者，他们在方法上的差异是科学史上最大的讽刺之一。

从字面上看，无论当时还是现在，地质记录主要是一系列突发事件，至少在局部地区是这样的。如果沉积物表明环境正在从陆地变为海洋，我们通常不会发现不明显分级的地层系列，这些地层中的粒度和动物区系（faunal）成分表明湖泊和河流已由深度不断增加的海洋所取代。在大多数情况下，海相地层完全、直接地位于陆相地层之上，没有平滑过渡的迹象。恐龙世界并没有逐渐让位于哺乳动物王国；相反，在生命史上五次大规模灭绝的其中一次，恐龙和大约一半的海洋生物一起从记录中消失了。动物区系的转变，从字面上来看，几乎总是突然的，不管是物种的转变[1]还是生物群的转变。

灾变论的典型方法，尤其是由居维叶提出的，是经验字面主义（empirical literalism），这一方法与莱尔给他们的"反对野外证据的投机者"的不公平称谓完全相反。灾变论者倾向于接受他们所看到的直观现实：沉积物和化石的突然转变表明气候和动物群的快速变化。灾变论对地质证据的解读通常是最直接的（或最低限度地"诠释的"）。

1　奈尔斯·埃尔德雷奇和我发展了点断平衡理论，强调物种之间的上述转变是进化的准确反映，而非不完美化石记录的产物。

莱尔并没有否认这种明显的突发事件的证据，也就是说，他没有通过引用不同的直接证据来证明速率均变。而且，他也做不到，因为文献中有太多对地球不连续的记录。相反，他提出一个探究字面表象（literal appearances）背后的绝妙论点来支持速率均变，并试图在一个充满系统缺陷的地质记录中找到真正渐进主义的信号，以至于不知不觉的转变蜕化为零碎的显见突发事件。

在本分析中，我并不打算幸灾乐祸地"揭露"莱尔不如他的灾变论对手那样以经验为依据或以野外考察为导向。我并不认为经验字面主义有什么特别的优点，而且也基本支持莱尔在复杂且不完美的世界中平衡事实和理论的方法。我只是觉得，非常讽刺的是，纸板历史将莱尔的胜利鼓吹为野外考察的胜利，虽然灾变论者才是直接看到地质记录的真正拥护者。相比之下，莱尔主张把理论，即速率和状态的实质均变，强加于文字记录之中，以便在文字记录中插入理论所期望但并不完美的数据无法提供的东西。

在他的第一卷中，莱尔承认灾难的字面表象在地质学中是占主导地位的：

在我们星球表面的每一个地方，以前震动的痕迹都很明显且引人注目。……一旦认识到这些表象，人们就会很自然地得出结论，过去时代不仅有巨大变化，而且有平静和动荡的交替时期：当化石动物生活、生长和繁殖时，是

平静期；当埋藏它们的地层从海洋转移到大陆内部并进入
高大的山系时，是动荡期。（Lyell, I, p.7）

既然承认了这一点，为了维护第三种（速率）均变，莱尔提
出了两个论点，都是基于对"表象背后"（behind appearances）
的调查。首先，他认为局部记录不能外推到更大的区域，或是
整个全球。例如，如果我们同时在其他地方发现相反的变化，
一个地区的突然转变可能与另一个与之平衡的世界相协调。"毫
无疑问，在地球的每个地区，动荡和平静的时期都是一个接一
个地发生的，但同样正确的是，'地下运动的能量在整个地球上
一直是均匀的'。"（Lyell, I, p.64）

其次，莱尔用他这本书中的隐喻（后来被达尔文用来为化
石序列中的渐进主义辩护），认为缓慢而持续的变化将蜕化为
明显可见的突发事件，因为保存的阶段越来越少。这就好像一
本书并没有保存完整，而是只保存了几页，一页只有几行，一
行只有几个单词，而一个单词只有寥寥几个字母。用达尔文的
话说：

就我而言，遵循莱尔的隐喻，我将自然地质记录视
为一部保存不完善的世界历史，并用不断变化的方言写
成。在这部历史中，我们只有最后一卷，只涉及两三个国
家。在这一卷中，只保留了一小段，每一页上只有几行字。
（Darwin, pp.310-311）

　　莱尔用双重隐喻扩展了不完美这一中心主题。（Lyell, III,
ch.3）他用人类种群的出生和死亡来类比物种的持续起源和灭绝，
而地质地层中保存的地质资料与人口普查员的记录相对应。真正
的渐进主义或虚幻灾难的出现取决于保存信息的密度。如果一个
国家有 60 个省，每个省每年都要进行一次全面人口普查，那么
保存的记录将符合缓慢和持续变化的实际特征。但假设一个贫穷
或不负责的政府只雇用一组人口普查员，他们最多只能一年访问
一个省。每个省的记录间隔 60 年，显示的是从一个记录实例到
下一个记录实例几乎完整的更替，而当连续性采样过于稀疏时，
就会出现虚幻的灾难。当然，地质记录甚至更加稀少和不稳定。
地质"普查员"并不严格轮流取样，一些地区可能在很长一段
时间内保持"无人问津"，而正式制作和输入的记录可能会被随
后的侵蚀破坏。莱尔得出结论，灾难性动物群更替的文字记录确
实代表了由零星沉积的一般规律筛选得到的生命持续变化情况：
"如果这种推理被接受，那么在紧紧相邻的地层中，化石遗存的
常见特征将是现有沉积规律的必然结果，伴随着物种的逐渐诞生
和死亡。"（Lyell, III, pp.32-33）

　　莱尔接着切换隐喻来说明一个重要的推论，即虚幻的过渡
中，干扰迹象不一定与变化的实际原因有任何关系。假设维苏
威火山在现代喷发，并将一座意大利城市掩埋在赫库兰尼姆城
（Herculaneum）[1]之上。正如考古记录中所看到的，语言和建筑的

1　公元 79 年维苏威火山爆发时被火山灰淹没，18 世纪初被发现。——译者注

突然变化不仅是一种错觉，而且与火山爆发的灾难完全无关。

　　莱尔通过探究灾难的字面表象来为渐进主义辩护后，他以类似的方式支持第二个实质（状态）均变，即同时承认灾难的字面表象并提出解决方案。他还承认，从字面上看，几个方向变化的矢量贯穿于地质记录：较老的岩石往往密度更大，硬度更高，且更易受热量和压力的影响；气候（至少在北半球）变得更加严酷，沉积物和它们所含的化石表明了这一点；生命本身（至少对脊椎动物来说）变得越来越复杂。莱尔认为，每一个明显的矢量都是错觉，是保存作用于稳定状态下的均一世界产生的方向性偏差。

　　莱尔再次依靠隐喻来表达这些（当时）不熟悉的关键论点。假设一个昆虫收藏家将标本从热带地区运到英国，运送时间至少为两个月，并假设这些生物的寿命略长于两个月（而且在被俘途中没有繁殖）。那时英国人只能看到老年的成虫。同样，老岩石通常扭曲变形，而新岩石分层均匀，密度较低。许多地质学家将地层的这种方向性变化视为地质力强度降低的标志，也可能是地球变冷的标志。但莱尔提出昆虫学隐喻，并认为隆升和固结的力可能是亘古不变的，因为要满足状态均变。岩石越老，它受使其持续变化的作用力的时间就越长，它可能会变得越硬，越扭曲。只有古老的岩石才能变成这样，就像所有到达英国的昆虫都是成虫一样。甲虫的生命周期是在故乡从幼虫长到了成虫，地球内部不断形成的岩石也是如此，随着时间推移，它们在向地表移动时，只能接受扭曲和变形的印记："如果地下干扰力在随后的每个时期都以均匀的强度施加，不同地层组所经历的震动量通常就会与它们的年代成比例。"（Lyell, III, p.335）换句话说，方向是一种幻觉，因为较老的岩石从时间之环中会得到更多"关照"。

最坏的情况是至关重要的测试：
莱尔用探究表象背后的意义来否认生命史的进步

要实现宏伟的愿景，大多数情况下意味着要经历关键的考验或克服不幸的缺陷。古生物学记录在莱尔的整个职业生涯中扮演着双重角色，在他试着验证自己对时间缓态循环的看法时，这些记录既有激励作用又让人烦恼。问题很简单。用我们通常的白话来讲，地质学其他方面似乎未曾有过如此明显的进步，特别是考虑到人类总是过度关注自己，为自己的优越性自鸣得意，以及人类化石只存在于地质时间的最后一微秒。

无脊椎动物的记录可以很容易地根据时间之环来解读，因为大多数解剖设计首次出现在最古老的化石地层中的时间大致相同（在莱尔所处的年代，这是已知的事实）。但是，在脊椎动物的记录中，至少在分类学上越来越接近智人的狭隘意义上，凭什么认为进步的表象就不是现实呢？首先是鱼类，然后是爬行动物，其次是哺乳动物，最后是位于地层最顶端的人类的人工制品。古生物学家孜孜不倦地寻找脊椎动物的遗骸。是不是要把这些字面表象也归因于记录的不完整？莱尔引用了汉弗莱·戴维爵士（Sir Humphrey Davy）字面表象的观点驳斥速率和状态的均变："似乎可以用一种渐进的方式来解释当前及过去的万物运行系统，好像万物毁灭又重生都是为人类的存在而做的准备。"（Lyell, I, p.145）

莱尔在第 I 卷第 9 章中对这一最大挑战做出了回应："有机生命的渐进发展理论——其支持的证据完全不确定。"他把对均变的攻击分为两个独立问题，各自需要不同的回答："首先，在连续的地层组中，从最古老的到最近的，有机生命从最简单的到最复杂的形式逐步发展；其次，人类的起源相对较晚。"（Lyell, I, p.145）他认为，第一种说法"没有事实依据"；第二种说法虽然"无可争议"，但与"自然世界的系统从迄今发现的最古老的岩石形成的时代起就一直是相同的"这一假设并非不一致。（Lyell, I, p.145）

莱尔用两个论据驳斥了第一种说法，即脊椎动物按地层顺序攀登生命之梯。这些论据在形式上可能并不矛盾，但肯定说明莱尔愿意利用一个潜在弱点的两面进行反驳。

第一个论据。最早的地层中也存在高级脊椎动物，只是我们还没有发现它们的遗骸。莱尔在这里用了他最具特色的论据：进步的出现是由保存中的方向性偏见，而非实际历史中的进步趋势造成的。首先，明显的进步并没有这么显著或普遍。复杂的鱼类出现在最早的地层中，爬行动物紧随其后，它们都存在于古老岩石（现在称为古生代）中。进步的证据完全是否定的：古生代岩石中只缺少鸟类和哺乳动物。鸟类很少形成化石，而在较新的岩石中可能会更好地保存，这种偏差可能会使人们把鸟类的遗骸限制在更晚的地层中，即使实际上鸟类在古生代的数量与现在相仿。

莱尔无法对哺乳动物提出同样的观点，因为哺乳动物密集而巨大的骨骼更容易形成化石。因此，他援引了两种发现偏差，认为古生代时就有很多哺乳动物，只是我们还没有发现这样的化石。我们探索的区域主要局限于欧洲和北美洲，只是地球的一小部分。该地区在古生代时是海洋的中心，远离所有大陆，而只有大陆上才可能产生漂浮遗骸并下沉至 5 英寻（约合 9.14 米）深处。毕竟，我们今天在太平洋中部一个同样大的区域可能也找不到哺乳动物的生命迹象：

> 陆地上的四足动物被河流和山洪冲入海中，这样的伤亡肯定很罕见，而这样的漂浮物不被鲨鱼吞噬的情况肯定更罕见。……但是，如果尸体逃过鲨口并且碰巧沉到了沉积物正在堆积的地方，而且如果随后众多的降解原因没有抹去尸体在坚硬岩石中无数年来的所有痕迹，那么，会不会与所有的机会估算相反，我们找到了确切的地点——古代海床上的那个点，那里埋藏着珍贵的遗物？（Lyell, I, p.149）

但莱尔的王牌是经验发现，而不是口头辩论。30 年前，哺乳动物的化石记录提供了更为明显的进步迹象，因为它们的遗骸完全局限于最新的或说是第三纪的岩石。整个中代（middle realm）——现在称为中生代（Mesozoic），或俗称恐龙时代，都没有发现任何化石。但到 1830 年，在中生代地层中发现了一些小型哺乳动物。依靠孜孜不倦的勘探，如果能发现中生代的哺乳动物，那么离在更古老的古生代发现哺乳动物的遗骸还远吗？

第二个论据。也许在鱼类和原始爬行动物的早期，高级脊椎动物确实不存在，但它们的出现是气候变化的一个偶然和可逆的结果，而不是不可阻挡的进步的必然标志。

按照老战士的建议，一个人必须为所有突发事件做好准备。莱尔已全副武装，准备好捍卫时间之环的理论，即使古生代哺乳动物从未被发现，且明显的进步矢量已经得到了证实。如果我们接受莱尔令人怀疑的假设，即所有物种都是在完美适应普遍环境的情况下产生的，那进步矢量可能有两种解释，一种能给时间之环以致命一击，另一种则与时间之环一致。正如灾变论者所断言的，脊椎动物生命体的进步可能意味着地球已经持续冷却多时，更复杂的生命已经发展起来以适应气候的急剧恶化，从前热带的气候已一去不复返。但莱尔以其惯常的华丽修辞反驳了这种解释："在我们对火山的来源和性质一无所知的情况下，假设地球系统的这一部分不存在不稳定性，似乎更符合哲学上的谨慎。"（但如果地球冷却的矢量与莱尔时代最好的物理学和宇宙学一致，为什么保持谨慎就意味着无方向性？）

或者，古生代哺乳动物的缺失可能意味着，自古生代以来，北半球的冷却记录了一种有条件的和可逆的转变，即陆地更多，海洋更少（莱尔关于气候与陆地和海洋的相对位置和数量的关系的论点，详见下文）：

> 我们已经表明，当气候最热的时候，北半球大部分被海洋占据；我们还要指出，直到海洋的很大一部分被转化为陆地，甚至直到它在某些地方被高大的山脉取代，冷却才变得相当可观。（Lyell, I, p.134）

> 由陆地和海洋的移动（而不是由不可阻挡的行星内部冷却）引起的气候趋势是暂时的和可逆的。物理状态的均变表明，任何区域性的大陆化趋势（以及因此而增加的寒冷）最终都会自我逆转，因为陆地和海洋在不断地改变位置，但却在全球范围内始终保持其相对比例。北半球现在处于"'大年'或地质周期的冬季"，但我们可以预期未来会导致"产生最大热量的必要条件，或同一年的夏季"（Lyell, I, p.116）。

这里再次强调，生命是随气候变化的。如果说大年从夏季到冬季的转变使得北半球的脊椎动物进步，那么随后夏季的重新到来必然会产生一个最奇怪的结果。现在可以看看整个《地质学原理》中最令人震惊的一段，它标志着莱尔是致力于一致性的理论家，而不是像传说的那样受制于经验约束。这一猜测太离奇了，甚至对莱尔的同时代人来说亦然，德拉贝赫甚至把这个猜测创作到了他的漫画中，而弗兰克·巴克兰无法理解这样奇怪的背景，把它解释为对自己父亲开的玩笑，而不是对莱尔的尖刻挖苦。这一猜测便是本章卷首插图的主题，也是本章第一部分的内容。那么，让我们再次感受一下：

> 那时，那些在我们大陆的古老岩石中存有遗迹的动物种类可能会回来。巨大的禽龙可能会重新出现在树林里，鱼龙可能会出现在海里，而翼龙可能会再次飞过茂密的树蕨丛林。（Lyell, I, p.123）

但是，尽管莱尔热衷于探究表象背后的东西，试图将状态均变强加给关于脊椎动物进步的显而易见的记录，但他无法（或不敢）将这一论点推广到人类。人类是特殊的，是不同的。智识世界充斥着各种系统，这些系统将一致性推到了地球的尽头和理性的边界，但随后却退到一边，认为人类的独特性是个例外。莱尔遵循这一传统，在智人周围设置了栅栏。

莱尔相当公正地指出，我们经常把自己看得太重，我们的身体确实很差，有缺陷，在我们后来的外表下没有显示出任何进步的迹象。"如果人的组织能够赋予他决定性的优势，即使他被剥夺了推理能力……他也可能被认为是进步链条中的一个环节。"（Lyell, I, p.155）

无论我们的理性有多强大，也无法抵挡大自然的力量：

> 我们强迫牛和马为我们的利益而劳动，我们剥夺了蜜

蜂的储备；但是，另一方面，我们用额头的汗水养育了丰收的庄稼，眼看它被无数的昆虫吞噬，而我们往往没有能力阻止它们的掠夺，就像没有能力阻止地震的冲击或燃烧的熔岩流经过一样。(Lyell, I, p.162)

然而，莱尔承认，这种说法只能延伸到这里。我们的身体较晚出现并不违反均变，但人类并不像单纯的裸猿那样挑战时间之环："人类的优越性并不取决于他与低等动物共同拥有的那些官能和属性，而是取决于他区别于低等动物的理性。"(Lyell, I, p.155)

虽然人类的理性违反了时间之环，但它太宏大、太不同、太像上帝了，不适合纳入关于物理的和有机的历史讨论中。有人可能会说，上帝在时间的尽头创造了人类的理性，这样一来，某种有意识的东西可能会为时间缓态循环的宏大均变而高兴："在有生命或无生命的世界中，没有一个固定和恒定的规律被人类力量颠覆……所产生的修改是在新的和特殊的情况下发生的，并且不是物理性质的，而是道德性质的。"(Lyell, I, p.164)

查尔斯·莱尔对这个最棘手的案例感到为难，而不是胜利的愉悦。

时间缓态循环是理解莱尔《地质学原理》结构的关键

莱尔在 1830—1872 年之间出版了 11 版《地质学原理》(见莱尔在 1872 年最后一版前言中关于具体日期和主要变更的说

明）。由于莱尔将他的伟大著作视为终身的收入来源，他不断修订、改变章节，并尝试不同的版式，就像现代的畅销书作者一样，出于商业而非学术动机过于频繁地更新版本。因此，人们普遍误以为他的伟大著作是通常意义上的教科书。正如上文所述，情况不是这样的，《地质学原理》概述了这样一种世界观：时间缓态循环作为理性的体现。

我相信，我们思想史上所有真正具有开创性的著作都是对宏伟构想的一致论据。莱尔的《地质学原理》完全体现了这一最伟大的学术传统。然而，正如我在上文所述，《地质学原理》通常被认为是一部与人们所能想象到的风格截然相反的作品——教科书，其内容通常是伪客观的（pseudo-objectivity），不过是公认信息的冷冰冰的汇编。

宏伟构想需要钥匙打开其一致性，随着历史背景不断变化，作者的动机可能被隐没，因为人们的关注点已经转移，我们往往会失去这些钥匙。莱尔的《地质学原理》就遭受了这种命运。其一致性的钥匙在于莱尔对时间缓态循环的总体构想，即他对速率均变和状态均变的结合。但我们现在将他的概要视为教科书，因为我们没认识到这条统一的线索。部分是因为他自己的修辞，真正的莱尔已沦为经验真理纸板英雄的牺牲品。一个伟大的思想家、远见卓识的科学家，一个终其一生致力于理解经验世界并赋予其独特意义的人，只不过是一个优秀的抄写员。

要恢复莱尔的构想，我们可以做的，至少是将《地质学原理》作为论据来讨论，而不是将其作为一个汇编。时间缓态循环是其一贯的主线，因为莱尔的《地质学原理》是一部关于方法的专著，莱尔致力于使用地质记录为其观点辩护，而地质记录需要仔细解释，而不是仅从字面解读，以获得其秘密支持。

我个人认为，伟大作品开头的奇怪悖论通常会解开作品的意义。达尔文的《物种起源》并没有宣布要掀起一场思想革命，而是从研究鸽子品种之间的变异开始（正如伯内特从对洪水的困惑开始，而赫顿从土壤悖论开始）。当我们认识到达尔文对自然选择的辩护是一个延伸的类比，从我们可以观察和操纵的小规模事件（如农场主、育种家和饲养迷都在做的人工选择）到自然界中规模更大的无形事件，他一开始看似怪异的研究就说得通了。恩斯特·迈尔（Ernst Mayr, 1963）在我们最重要的关于物种及其起源的现代著作中，首先列出了一个姊妹种（sibling species）的实证列表[1]，而不是一般理论或全球框架。当我们理解了迈尔的主要目标，即将物种视为自然种群的动态观点，由杂交和生态作用来定义，而不是旧的分类学家的静态观点，像放在博物馆抽屉里一样不会变化，我们就会认识到他开头的选择体现了他整本书的计划：姊妹种是其构想的测试样本——根据新的标准，姊妹种是很好的样本，这在旧标准下是无法辨认的。

莱尔花了五章宣传无方向性的实际利益和道德利益后，便开始了他的实质性介绍，其中三章是关于北半球的气候，一章

1　姊妹种指在形态上难以区分的种群，通过它们在自然界中的行为能被明显区分开来，就像其他物种在视觉上能被更明显地区分一样。

介绍生命历史进步的假设。第 I 卷第 6 章的标题是"北半球以前气候更热的证据"。因此，很奇怪的是，在这个三卷本的时间之环辩护书中，第一个实质性章节却承认莱尔的反对者，即主张地球定向变冷的人，可能会收集到最有利的数据。

第 7 章"气候变迁的原因"认为陆地和海洋的不同分布是气候变化最明显和容易确定的原因。（在同一纬度上，如果是广阔的海洋上点缀着若干小岛，那样的气候会比几乎没有周围水域的广阔大陆更温暖、更稳定。）第 8 章有一个扩展标题："地质证据表明，在石炭纪（Carboniferous）地层沉积时期，根据之前解释的理论，北半球的地理特征会导致极端炎热的气候。"现在我们理解了这一点，也知道了莱尔这本书的布局安排。

石炭纪的岩石很古老，表明这是一个有巨大沼泽和茂盛热带植被的时代。石炭纪的化石遗存为我们提供了大部分煤炭。从表面上看，石炭纪为地球内在冷却的方向性假说提供了有力支持。

莱尔承认，北半球的煤炭森林现象表明石炭纪的气候更热。（Lyell, I, ch.6）如果地球内在的长期冷却过程导致了随后的变化，那么状态均变就不成立了。但莱尔提出了一个方案来替代当前的过程。（Lyell, I, ch.7）随着海洋和陆地位置的变化，气候以可预测的方式变化。如果北半球自石炭纪以来，大陆越来越多，那么气候由于地球表面波动将变得更冷，而不是由于内部不可阻挡地冷却。莱尔随后试图证明，自石炭纪以来，随着大陆占比越来越高，北半球气候一直是越来越冷的。（Lyell, I, ch.8）

莱尔的替代解释保留了至关重要的状态均变。原始火球的内部冷却是时间之箭不可逆转的记录。但由于大陆上升而变冷的外部环境并没有赋予时间以内在的方向，也不允许未来更加寒冷。在时间充足时，大陆以平稳和无方向的方式因隆升而上升，因侵蚀而下降，同时记录了速率和状态的实质均变："更新和破坏的原因在不断地起作用，陆地的修复与退化一样持续，海洋的加深与浅滩的形成同步。"（Lyell, I, p.473）随着石炭纪以来大陆的出现，大陆可能在未来再次让位于海洋，而冷却只是可逆循环的一部分。莱尔称为"大年"或"地质循环"，并将北半球自石炭纪以来的气温下降视为地质演替的一个秋天，我们还会迎来另一个夏天。

因此，前三个实质性章节是将莱尔的方法对一个明显的（也是中心的）不确定案例的长期应用。莱尔探索了表象背后的意义，呈现了一个公认的冷却阶段，尽管该阶段占据了大部分地质时间和地球的很大面积，也只不过是一个更大圆圈的一段弧线。

第9章将这一推理应用于一个问题，这个问题是所有时间之环支持者面临的最大挑战——生命复杂性随时间的推移而明显增加。莱尔再次承认了这一表象，但否认其内在的方向性（详见上一节）。新物种的发展总是完全适应当时的气候。如果气候变冷，新物种将显示出适应更严峻环境的复杂性。生命的方向性趋势只记录了潜在的气候变化。如果一个明显的气候之箭真的可以旋转到圆圈的任意部分，那么生命也将沿着未来的弧线返回到鱼龙教授的时代。

　　莱尔根据个人目的重新整理了历史（第 1—5 章），并反驳了两个最明显的方向性案例（气候和生命，第 6—9 章），而且，在第 I 卷的其余部分（第 10—26 章）中，莱尔致力于对作为过去完整指导的现代原因进行编目。他编排这些章节（表面上是第二种关于过程的方法论均变）是对速率和状态的实质均变的巧妙辩护。因为他首先讨论了破坏地形的水成因（河流、湍流、泉水、洋流和潮汐）（图 4.5），然后讨论了更新地形的火成因（火山和地震）（图 4.6），但他始终表明这两组因素都在持续平衡中运行；二者都不曾主宰整个地球，也不能给岩石、地貌或生命的特征赋予任何内在的方向。

　　我将在下一节讨论第 II 卷和第 III 卷（莱尔的积极贡献），但在此我必须简要说明第 II 卷和第 III 卷如何展开并完成关于生命及其本质的宏大、一贯工作的计划。我们通常只记得第 II 卷，因为莱尔驳斥了进化论，特别是拉马克的理论（莱尔将该理论引入英国，只是为了驳斥）。但是，第 II 卷 18 章的设计和顺序是为了呈现一种积极的生命历史观，这将是莱尔最大的成就，第 III 卷的主题是基于非传统生命观的地层测年新方法，该生命观由速率和状态均变主导。

　　莱尔论述的焦点，以及抨击进化论的原因（被定义为物种之间无意识的过渡），在于将物种视为实体而非倾向；视为事物，而非变化过程的任意部分。物种出现在特定地区的特定时间。可以把物种看作具有明确起点的粒子，在其地质持续时间

图 4.5   侵蚀破坏的现代案例。纳佛的门（Grind of the Navir，设得兰群岛海崖两段间的裂口）每年冬天都会因涌浪通过而变宽。（摘自莱尔《地质学原理》第一版）

内具有不变的特性，并有明确的灭绝时刻。最重要的是，物种是时间缓态循环世界中的粒子。它们的起源和灭绝并非集中在大规模死亡或爆发性辐射事件中，而是在时间上大致均匀分布，出生与死亡平衡，以保证生命多样性是近似恒定的。因为理论上的积极原因而不仅仅是观察，物种起源的顺序没有显示出任何进步的矢量（见上一节）：莱尔支持物种与环境的完美适应，每个物种都是其周围环境的一面镜子。因此，生命史上的任何真正的方向，都只能在物理世界中记录一个相应的箭头。由于物质世界保持稳定状态（第 I 卷），生命体也保持着不变的复杂

Changes of the surface at Fra Ramondo, near Soriano, in Calabria.

No. 21.

图 4.6　地震构造的现代案例。上图：意大利卡拉布里亚的弗拉拉蒙多（Fra Ramondo）地表。请注意山丘上推和下沉部分之间橄榄树的断裂。下图：意大利斯特芬诺·得尔·波斯柯镇（Stefano del Bosco）的圣·布鲁诺修道院正前方的两个方尖碑。每个方尖碑由三部分组成。反复的地震使块体松动并旋转。（摘自《地质学原理》第一版）

性和多样性。物种不断变换，如今还活着的物种没有装饰过石炭纪煤沼的舞台。但解剖设计并没有增加或改善。

第 III 卷共有 26 章，描述了地球的实际历史，就像研究现代过程的学者可能会做的那样，莱尔的描述是按照与现代惯例相反的顺序进行的：从最近的时代开始（那里现代过程的工作原理最容易被评估），一直追溯到最古老的岩石。许多读者认为第 III 卷的描述枯燥而过时，但它其实体现了莱尔策略的中心辩护。第 III 卷提出了关于时间缓态循环的最重要论点，科学的构想只有在它的应用和效用中才有价值。第 III 卷呈现了对时间之环的终极检验，体现了两个主要目的。首先，从字面上看的地质史的显著矢量，必须用莱尔探索表象背后的方法来解释，因为不完美的记录会在保存的证据中呈现时间之环。我们一次又一次地了解到，（举例来说）大规模灭绝是由非沉积作用导致的，更古老的岩石扭曲程度越大，说明它们被持续的变质作用所改造的时间越长，而不是因为原始地球的活力越大。

其次，作为一位伟大的科学家，莱尔理解科学家职业的基本原则：效用是对一个想法价值的最终检验。他早期对时间之环的辩护大多是修辞性的、口头的或否定的（通过表明文字记录的方向性表象并不能否定稳定状态）。为了让他的解释更成功，莱尔现在需要一项实质成就——时间缓态循环可以解决的一项重大而实用的事情，以揭开地球历史的真面目。因此，第 III 卷首先详细说明了一种新方法，该方法有显著的独创性，并且与传统古生物学不同，它通过仍然存活的软体动物物种的百分比来确定新生代（6 500 万年前，自恐龙灭绝后）岩石的年代。我将在下一节中展示，这种新颖的方法直接源自莱尔对生命史中时间之环的不同寻常的见解。

虽然莱尔不是我心目中最重要的学术英雄（显然，从本章的以上章节可见），但我在读《地质学原理》第一版时，仍然感到非常兴奋，并感到荣幸，如同一场冒险。当我领会到时间缓态循环的清晰一致，我感到脊背一阵颤抖。然而，大多数读者无法体会到这种兴奋感。因为第一版很难获得，许多原因共同导致了后续版本的一致性下降，而这些版本才是大多数地质学家阅读的。一方面，莱尔将第 III 卷的几乎所有内容放在后续版本，并将他对地球实际历史的讨论放在另一本书《地质学纲要》[Elements of Geology，后来的版本改名为《普通地质学手册》(A Manual of Elementary Geology)] 中，这样一来，莱尔对时间之环的基本应用与言辞辩护就脱节了。另一方面，莱尔强烈否认了他一直坚持的时间之环，这是在他职业生涯后期，凭借孜孜不倦的奋斗和极度诚实的精神，他最终承认了生命历史的进步特征。最后，他改变观点并修订了太多章节，导致最初一致性的消失，最后的版本几乎成了一本教科书。

莱尔：时间之环历史学家

莱尔对历史的解释

作为现代地质学的两位英雄，赫顿和莱尔在教科书历史中有着密不可分的联系：赫顿是未受重视的先知，莱尔是大获全胜的抄写员。例如，吉卢利、沃特斯和伍德福德写道："爱丁堡的詹姆斯·赫顿在 1785 年提出均变论原则，伟大的苏格兰地质学家查尔斯·莱尔在 1830 年将其引入教科书而得到普及。"（Gilluly, Waters, and Woodford, 1968, p.18）正如我们所知，均变方法论是所有科学家的共同财产，赫顿和莱尔都是其捍卫者，但这几乎不是他们独创的。（我们甚至不能认为赫顿提倡现实主义，因为他认为我们无法从如今的地球观察到地下固结的力量，只能从因隆升而露于地面的古代岩石的性质来推断。）赫顿和莱尔最重要的共同点是他们对时间之环的控制观点，即状态均变。即使在这一点上，他们也有所不同，赫顿提倡一种顺序性的观点，并且认为隆升时期可能是全球性和灾难性的，而从莱尔的角度看，其时间之环的所有阶段都是局部的且同时运行的，万物此起彼伏，在动态变化中使得地球处于永恒的稳定状态。如果一个观测者去赫顿的地球，只会看到地下沉淀的宁静，而另一位访客去 100 万年后赫顿的地球，可能会看到地球因隆升而剧烈震动。相比而言，在莱尔的地球上，每个部分都不断变化，但所有过程都在某处运作，以大概相同的强度和数量。

然而，我并不认为莱尔的速率与状态的结合（时间缓态循环）和赫顿关于隆升更具灾难性的观点是他们最重要的区别。我们需要重新理解他们那个时代的二分法，即时间之箭与时间之环，以把握他们在时间之环意义方面更深层次的分歧。

赫顿完全执行了严格版本的牛顿纲领，以至于他对地球的看法变得怪异。他实际上否认了地质学研究者一直作为其基本动机的主题：被定义为一系列按时间顺序发生的特定事件的历史本身。在赫顿的世界里，时间的区分没有意义，他也从未表达过地球具有历史独特性。每个周期的相应事件如此相似，以至于我们几乎不知道（也不关心）我们在一系列事件中处于什么位置，这些事件没有开始的痕迹，也看不到尽头。（我还注意到，作为赫顿的"博斯韦尔"，约翰·普莱费尔并没有追随赫顿的怪异特质，而是在解释赫顿的理论时用朴实的语言表达了历史叙事的观点。因为大多数科学家都是通过普莱费尔了解赫顿的，所以，赫顿体系的这一怪异特质已不复存在。）

莱尔跟赫顿一样致力于时间之环的研究，但莱尔并没有沿用赫顿的非历史性观点，其中既有个人原因，也有时间顺序的原因。赫顿和莱尔之间隔了50年，而这50年见证了英国地质学家在实践中的转变。赫顿使得总的体系建设或说"地球理论"这一传统达到了顶点。下一代人并没有沿用这一方法，而认为它是不成熟和有害的推测。新兴的地质学需要来自野外的确凿数据支持，而不是愚蠢的、包罗万象的理论。避免"诠释"，将讨论局限于事实本身（无论该事实与期望相差多大），实际上写入了成立于1807年的伦敦地质学会章程。地质学会采用了地层研究计划作为获得野外考察证据的主要方法，收获的成果颇丰，使得该方法大受欢迎。地质学的首要任务被规定为：利用由居维叶和威廉·史密斯（William Smith）刚发展的具有普遍效用的历史钥匙，即随时间变化的独特化石组合来解开实际发生事件的时间顺序。

莱尔在这一方法转变中成长，并心甘情愿接受了这个转变。他是一位历史学家，历史的主要数据是对按时间顺序发生的连续事件的描述，每个事件都是独特的（如果不做区分，则会导致作为特定时刻指标的效用的混淆）。莱尔几乎无法接受赫顿的反历史观点。但是，一个尽职尽责的历史学家如何捍卫和使用时间之环呢？地层研究计划是用来解开历史事件发生顺序的工具，无方向性如何帮助这一计划的实施？

莱尔《地质学原理》第一行就指出了他与赫顿的非历史性观点的不同之处："地质学是一门研究自然界有机领域和无机领域发生的连续变化的科学。"（Lyell, I, p.1）这句话似乎无伤大雅，但在赫顿那里，无论如何也找不到类似的字眼。思想上的重大变化往往会从我们的视线中溜走，因为后来的成功使它们看起来如此明显。

莱尔的开篇语显示了他对历史意义及其中乐趣的深刻理解。他首先承认历史研究的独特性——用当前现象解释过去的可能结果，假如过去不同，结果或许会不一样，当前现象并不是根据自然规律可预测的产物。最初的历史刺激微小且易被遗忘，但却产生了层出不穷的结果，往往让人觉得似乎与它们的起源不符：

回顾各国历史，我们常常惊奇地发现，即使大多数人都遗忘了战争的结果，但战争对我们的影响是深远的，数百万同辈人的命运都受战争左右。该事件可能距今已经非常遥远，但我们仍会发现，该事件与一个大国的地理边界、居民用语、特殊举止、法律和宗教观点之间有着不可分割的联系。不过，更令人惊讶和出乎意料的是，当我们回顾我们对自然的历史研究时，我们发现了这些联系。（Lyell, I, p.2）

对当前功能的静态分析可能会提供一些见解，但也要考虑历史背景的扩充：

一个比较解剖学家仅凭观察一具已经灭绝的四足动物遗骸，也许就能获得一些知识，但如果有人告诉他该遗骸属于哪个相对时代、同时代的植物和动物是什么、所处的纬度，以及其他历史细节时，该遗骸提供的信息就更丰富了，也有助于这门科学的发展。（Lyell, I, p.3）

认识到分类学的重要性，莱尔力求确定地质学在科学界的合理地位。他没有追随几位前辈的做法，因为他们将地质学与基于自然规律的物理科学相提并论，而这些自然规律并没有赋予当前现象独特的历史特征。此前，维尔纳将地质学视为"从属于矿物学的一个部门"（Lyell, I, p.4），德马雷斯特（Desmarest）则将地质学视为自然地理学的一个分支。但矿物的性质取决于化学成分，地形取决于隆升和侵蚀的物理因素。这两门学科都不承认地质现象不可还原的历史特征。地质学与宇宙起源相结合的提议也必须被拒绝。因为，虽然地质学在历史科学中占有一席之地，但地质学一定是对保存下来的记录的实证研究，而不是涉及事物起源的思维探索。

作为对历史的直接研究，地质学的惊人成就要归功于实践的巨大转型，然后仅仅一代人的时间，地层研究计划（stratigraphic research program）横空出世，化石作为用于年代排序的关键："近年来地质学的飞速发展主要归功于我们通过众多矿物不同的有机物含量和有规律的叠加，慎重地确定了它们的时间顺序。"（Lyell, I, p.30）

在一段有说服力的章节中，莱尔指出了独特的历史方法：我们不需要跟物理科学一样采用定量过程，但必须非常重视事件的时间顺序。这在不太了解的其他人眼中，可能是个乏味的工作。

就像几何学家测量了空间的区域，从而确定了天体的相对距离——地质学家不是通过算术计算，而是通过一系列物理事件，即有生命世界和无生命世界中的一系列接连发生的现象来计算不可数的年代，这些迹象比数字更明确地传达了时间的无限。

物理学利用它的技术扩展空间，我们用自己的方法来扩展时间，其结果在思想史上的意义几乎不相称，但殊途同归，地质学也取得了胜利。

莱尔认识到，真正的历史必须是"现象的连续"。精确的循环重复会掩盖历史时刻的独特特征。莱尔奚落了埃及和希腊的旧循环理论，即永恒轮回（ewige Wiederkehr），但这段话可能同样适用于赫顿的非历史性观点：

> 他们把地球上的事件过程跟天文周期做类比。……他们宣称，无论天上地下，相同的现象在永恒的变迁中反复出现。同一个人注定要重生，重生后做的事情也大概相同；人们会发明同样的艺术，建造和摧毁同样的城市。阿尔戈远征队注定要再次与同样的英雄一起航行，阿喀琉斯和他的密尔米顿人会再次在特洛伊城墙前开始战斗。（Lyell, I, pp.156-157）

最后，我们决不能失去一种简单而朴素的乐趣，即发现已不复存在的过去："同时，我们自己能体会到首次发现的魅力，当探索这一宏伟的研究领域时，我们时代伟大历史学家［《罗马史》作者尼布尔（Niebuhr）］的感想可能会不断出现在我们的脑海中，即，'使已死的东西复活，其快乐不下于创造'。"（Lyell, I, p.74）

根据时间缓态循环确定第三纪的时间

由于地质记录距离现在越近保存得越好，我们可以预期，最年轻的岩石应该最容易通过地层研究计划来分辨。古老的（古生代）岩石经常是扭曲和变质的，它们的化石也是变形的，呈粉碎状或完全被滤掉了。之前的确有过一段时间，地质学家们苦苦挣扎于研究古生代岩石，对古生代岩石的分辨体现了地层研究计划最终效用的胜利，同时也是对该效用的考验［见Rudwick, 1985 中对泥盆纪（Devonian）争议的精彩表述］。

"哺乳动物时代"的第三纪地层（根据现代计算方法，始于距今 6 500 万年，但除去距我们最近的一段时间）作为新技术的测试，应该首先由这个方案解决。自相矛盾的是，由于欧洲第三纪特定历史的偶然不幸，这些最年轻的岩石并没有提供解决方案，反而令人费解。新方法首先运用在中间地层或所谓的第二纪地层（Secondary strata，包括我们现在所称的中生界和更老的古生界顶部）。在整个西欧，这些岩石的排列模式几乎是教科书中的理想形态——由几乎没有变形、水平产状或轻微倾斜的地层组成的页状，很容易在大片地区上进行追踪描绘。例如，该区域被独特的"白垩"（如形成多佛的白崖）覆盖，即第二纪地层的顶层，沉积或后期变形的情况都不太复杂。常言道，眼见为实，有机会亲身目睹的话，一定不要错过。

相比之下，较年轻的第三纪地层在孤立的盆地中沉积成了复杂的拼布——这让所有地层学家都感到头疼（图4.7）。对比和叠覆是地质学家常用方法的花哨说法，具体来说，这些方法

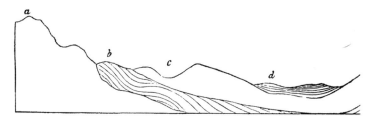

图 4.7　地质学家在解读第三纪地层时所面临问题的图示。欧洲的第三纪岩石往往出现在小而孤立的盆地中（如上图中的 d），使得对比工作相当困难。（摘自莱尔《地质学原理》第一版）
a 第一纪岩石　　　　b 较古老的第二纪地层　　　c 白垩　　　　d 第三纪地层

可以确定哪些岩层位于其他岩层之上（叠覆），然后从一个地方到另一个地方对这种顺序进行追踪（对比）。但如果地层是丛状而不是片状，叠覆分析法就不适用。（例如，许多第三纪地层是不稳定的河槽，而不是中生代常见的宽阔的浅海沉积物。）如果地层局限于孤立的局部盆地，那么将它们从一个地方关联到另一个地方就变得比较棘手。

　　由于第三纪发生的标志性事件是欧洲大陆度的增加（回顾莱尔的第二个实质性论点），海洋沉积物经常在移动、孤立的海湾中沉积，而不是以更有助于我们研究的宽阔的片状形式沉积。因此，第三纪地层是地层研究计划的挑战，而不是它的绝佳案例，因为逻辑（没有历史的特殊性）可能已经决定了这一点。第三纪地层也让科学家们有些尴尬，因为一个好的技术应该可以诱使人们毫不费力地获得潜在的、最容易的回报。因此，基于对时间之环的独特构想，莱尔决定用一种不同的方法攻克第三纪地层。成功会使他的抽象构想在经验的天平上获得分量，也意味着莱尔将大获全胜。

面对如此棘手的地层问题，化石遗存将解开第三纪层序的奥秘。地层学研究计划已经确定了时间顺序的古生物学标准。历史的计时器有且仅有一个严格的要求——必须找到某种东西，随着时间推移，以一种可识别且不可逆转的方式变化，这样一来，每个历史时刻都有一个独特的标志。地质学家长期以来一直抽象地欣赏这一原则，但没有找到一个可行的标准。维尔纳和水成论者曾试图利用岩石本身，认为一套独特的成分和密度是从宇宙海洋中按时间顺序沉积出来的。这个想法在逻辑上合理，但在实践中行不通，因为地球的地层并不是在大降水时代从一个海洋中按密度顺序沉积的。此外，岩石是由化学定律形成的简单物体，因此不具有独特的时间特征。石英就是石英——以硅离子为中心，由四个氧离子包围的石英联合四面体，每个氧离子与相邻四面体共用。起初如此，现在亦如此，只要自然法则占上风，就永远如此。也就是说，寒武纪（cambrian）石英与更新世（Pleistocene）石英并无区别。

但生命体足够复杂，可以在一系列不重复的状态中变化。今天，我们将这一不可逆转的顺序归因于进化的作用，但我们也要知道生命体状态具有唯一性，这一事实可能比任何用来解决它的理论都更重要。化石标准成为地层研究计划的罗塞塔石碑（the Rosetta stone），但早期很少有用户接受进化是化石记录具有独特时间阶段背后的原因。在莱尔的时代，时间差异是一个无法解释但至关重要的工具。莱尔本人一直对原因持不可知论，声称他根本不知道新物种是由上帝的直接意志产生的，还是由未知的次要原因产生的——尽管他确实公开表明，他相信新物种肯定是在与周围环境达成完美平衡的情况下出现的。

在莱尔所处的年代，尚未解决的第三纪地层学的问题集中在如何正确使用化石来"划分"地层，也就是说，在地球历史这一漫长且之前没有划分过的时期内，建立一个世界范围的时间顺序阶段。在1830年，大多数地层学家都是进步主义者。他们认为，生命在整个第三纪都得到改善，至少作为一个粗略的指南，我们可以大概根据化石中显示的发育水平来判断第三纪地层的相对年代。所有古生物学家都明白，进步既不是线性的，也不够明确，无法作为实际的衡量标准。在实践中，进步主义者可能会根据生命形式进行类比，而不是使用生物力学设计中无法达到的度量，即使该度量相对完美。此外，进步主义者还会找一些易于识别的标志化石——这些化石生物具有短暂而独特的地质范围——来划分第三纪。同时，他将更多地关注这些化石的独特性和在一小段时间内的限制性，而不是其假定的相对复杂程度。然而，无论实践与理论相差多远，在进步主义的指导下，地层学的实际工作转向寻找标志化石的时间序列，作为进步的阶梯。

莱尔的世界观不允许他采用他的专业通常使用的方法。生命完全参与了时间之环的动态稳定状态。化石记录没有显示出进化的方向，其物种序列也无法根据任何进化标准进行排序。尽可能直白地说，生命（作为一个整体）总是大致相同，物种数量和不同群体的相对比例都保持平衡。那么，一个持莱尔观点的人怎么能找到古生物学标准来确定岩石的年代呢？如果找不到，他如何能参与专业中的中心和指导问题呢？

假设莱尔严格遵守赫顿理论，他将永远也无法摆脱这种困境。他会陷入一种非历史性的观点，认为每一个事件都与上一个周期的相应阶段非常相似，因此无法建立任何历史标准。但莱尔作为当时最杰出的一线地质学家，是一位尽职尽责的历史学家。他接受了事件的唯一性，并利用这一原则从时间之环中提取历史的印记。

借用莱尔喜欢的隐喻手法阐明自己的观点，我们可以将地球上处于任一时刻的所有物种用放在一个袋子里数量固定的豆子表示——因为在莱尔眼中，物种是粒子。现在开展一个为期五天的实验。假设这个袋子里装着 1 000 颗豆子，并且豆子数量保持不变。我们开始在里面放新的豆子，以固定的时间间隔放入，比如每两分钟一颗。但这个袋子只能装 1 000 颗豆子，所以每颗新的豆子进来时，"豆大师"就会伸手进去，随机把一颗旧的豆子拿出。

另一个关键步骤是完成莱尔生命观的同构。每颗豆子都是与众不同的，都代表了一个独特的历史对象。假设每颗豆子的右下角都有一个独特的品牌标识（如果豆子可以被解释为拥有这样的东西的话），我们可以清楚地分辨每一颗豆子，但问题是，这些独特的品牌标识绝对没有任何时间特征。这些豆子没有按照进入袋子的日期来标记颜色，也没有用它们的起始时间的几何形状来标记。换句话说，我们可以将每颗豆子识别为一个独特的物体，但我们无法（从形状或颜色）知道它的年龄或进入袋子的时间。

上述系统与莱尔在时间缓态循环世界中对化石记录的观点一一对应。这五天对应五大地质年代（数量很少）；这些品牌是历史独特性的标志，但（请注意）并不是进化的标志，因为每一颗豆子都是不同的，且有同等的价值。每两分钟放入一颗豆子，对应速率的缓态均变；在每个入口随机移除一颗旧的豆子，保持多样性的稳定状态。

豆大师现在给我们出了个难题。在最后一天，他每六个小时对袋子拍一次 x 光片，但他忘了在底片上标记时间，他希望我们按照正确的时间顺序排列四张照片（午夜、上午 6 点、正午和下午 6 点）。他也愿意在一天结束时把当前组成的袋子给我们。如何解答这一难题？

莱尔和他的学生辛普利西奥（Simplicio）思考了这个问题。辛普利西奥一直在寻找简单的方法，建议在每张照片中寻找一颗关键的豆子。但莱尔回应说，这样的物体不可能存在。奇怪的是，每一颗豆子的独特性绝对不能说明它的年龄。莱尔斥责辛普利西奥的懒惰，并认为这个问题只能通过统计来解决。

幸运的是，足智多谋的豆大师提供了一个标准，可以解决时间之环下的历史困境——他给了我们当前状态的袋子。莱尔建议，考虑一下豆大师最后一天的情况。每两分钟放入一颗新的豆子（或者一天放入 720 颗），然后随机取出一颗。我们现在打开袋子。逻辑上讲，现在袋子里豆子的组成是由最后一天添加的豆子决定的——当然，这 720 颗新增的豆子大概不会都在袋子里，因为有的由于随机取出而被移除了。但是，当辛普利西奥开始理解时，他又抱怨我们无法从标识中分辨出哪些豆子是最后一天添加的，因为标识中不包含任何关于时间的信息。

莱尔随后提出了他的统计标准。我们无法知道任何特定的豆子什么时候放入袋子里，但我们可以将袋子里目前包含的所有标识做成一个列表。然后我们可以研究豆大师的四张照片，并将每张照片中的 1 000 个标识制成表格。任何一颗豆子在袋子里的时间越长，它被移除的可能性就越大（因为每放入一颗新豆子会随机移除一颗老豆子）。因此，任何豆子进入的时间越近，仍然留在袋中的可能性就更大。莱尔自信满满地说，我们只需要在一天结束时，为每一张袋子之前的照片制作一个表格，显示袋子里剩下的豆子的百分比。当前豆子的比例越高，说明这个照片离现在越近。

我们还能用什么其他标准？豆子对它们的年龄守口如瓶，但我们确实有现在的袋子，因此可以通过一种渐进和持续的方法来判断时间。当前的袋子并不比任何其他袋子更好或更与众不同，它只具有在时间上精确定位的优点，因此我们可以对比其他袋子与它的相似性。

莱尔以这种方式精确测定了第三纪（仅有的数"天"中的最后一"天"）的年代。他提出了一种基于现代软体动物种类相对百分比的统计方法。〔莱尔使用了软体动物，因为它们在第三

纪地层中数量众多且独特，而且他可以付钱让他的法国同事德
萨耶斯（Deshayes）根据其个人分类学专长的一贯标准，为欧洲
第三纪的所有主要剖面编制动物区系表。]根据此统计标准做出
的区分并不十分精细，因为有几个随机因素在起作用（不仅是
像我们豆子实验中的移除，还有因为现实的复杂性，物种不会
以等距间隔出现，且物种总数实际并不会真的不变）。因此，莱
尔将第三纪划分为四个分支（对应豆大师拍摄的四张照片），从
老到新依次命名为始新世（Eocene）、中新世（Miocene）、上
新世早期（older Pliocene）和上新世晚期（newer Pliocene）（图4.8
和图4.9），每个时期包含的现存物种比例分别为：约3%（始新
世）、约20%（中新世）、超过1/3且通常超过1/2（上新世早期）
和约90%（上新世晚期）。[被迫记住地质年代的读者会认识到，
我们的现代系统保留了莱尔的命名法，并在同一模式中添加了
一些名称——古新世（Paleocene）、渐新世（Oligocene）和更新
世，以表达随着知识增长而允许的更精细的划分。]莱尔用了一
个与我们袋子里的豆子完全类似的隐喻写道：

> 当我们由老到新追踪一系列地层时，正如我们之前观
> 察到的那样，现存物种增加，灭绝物种逐渐消失，这一过
> 程严格地类似于种群的波动，从当前最年长的人出生到现
> 在这一刻，这种波动可以在连续的时期记录下来。

对莱尔方法的简单描述无法捕捉到其概念的闪光之处和不

图 4.8（左图） 莱尔在其划分第三纪的统计方法中使用的始新世软体动物化石。
（《地质学原理》第一版第 III 卷图 3）

图 4.9（右图） 莱尔用于划分第三纪的中新世软体动物化石（莱尔《地质学原理》第 III 卷图 2）。通过比较图 4.8 和图 4.9，可以注意到莱尔方法的关键概念，即基于时间缓态循环的假设。晚中新世的化石绝不是它们祖先的"更好"版本。它们只是作为历史进程的标志而有所不同。

同凡响的特征。只需要考虑以下三点：

首先，莱尔提出了这种基于复杂随机过程模型的数值方法，当时这种统计思维还处于萌芽阶段。在这个强大的方法广泛使用了一个世纪后，直到今天，我们大多数人仍然需要用隐喻来理解它。

其次，莱尔的方法违背了他那个年代的所有古生物学惯例。大多数地层学家都否认速率和状态的实质性均变，每一次否认都导致莱尔放弃一种方法。前文已经讨论了进步主义（状态的非均变）是如何引导大多数地层学家寻找关键化石的，这些化石可能通过其结构复杂性来标记时间，这一方法与莱尔对整个动物群的统计方法相反。

莱尔的反对者也拒绝了速率均变，认为大规模灭绝和随后新物种的迅速繁衍打断了化石记录。基于这种生命史的概念，他们发明了另一种确定年代的方法，与莱尔不同，该方法旨在寻找独特的物种，作为每个时代的标记。在莱尔的世界里，这样的程序毫无意义。他的物种是时间上均匀分布的独立粒子，物种进入和离开地质场景的时间并不一致。由于记录的不完整，我们对不同时代的划分是一种假象。我们只能通过平滑和连续流动的统计测量来捕捉各个时刻：

> 我们担心，地质学中的动物学时期，就像博物学其他分支中的人为划分时期一样，会因为被认为是建立在有机世界中常规序列事件的一些重大中断上，而获得过多的重要性。然而，像动物学和植物学中的属和目一样，我们应该把这种划分看作是为了便于系统安排而发明的，并期望去发现我们最初绘制的边界线之间的中间等级。（Lyell, III, p.57）

再次，这很难用语言来表达，莱尔的方法古怪而迷人，引人深思。莱尔的方法与该领域从他的时代到我们现在的所有传统背道而驰。古生物学家致力于细节研究。专业人员在特定时间成为特定群体的专家；我们通过给权威做学徒的方式接受高级培训，并花费数年时间学习所选群体的分类学细节。我们希望通过使用这种专业知识来解决地层问题，即确定地层所处的时间段。比如我们可以根据名叫"乔"的腕足类动物生活的地层判断时间，如果是名叫"吉尔"的苔藓虫居住的地层，那时间就不一样。

"查尔斯·莱尔的统计古生物学梦"（Rudwick, 1978；拉德威克经过细致分析后取的合适标题）与这种细节传统背道而驰。它将抽象过程的普遍性应用于古怪的历史世界，就像时钟的"滴答"声一样有规律（尽管有随机波动）。由截然不同的伴侣组成的婚姻（一个领域的方法与另一个领域的细节相结合），通常是最富有成效的智力融合。

这种对莱尔关于第三纪年代测算的巧妙方法的理解，也使我们能够掌握《地质学原理》后两卷背后的基本原理和组织结构。因为这两卷的核心内容是莱尔试图将时间之环作为一种历史工作方法。我们可以将第 II 卷简化，视其为在时间缓态循环的世界中对"作为粒子的物种"的长期辩护。如果你愿意，可以使用"豆袋"的隐喻。以此为切入点，我们就可以了解莱尔的真实意图，甚至在达尔文试图普遍推行进化论之前，也不会把莱尔误认为是一个批评进化论的老古董。

在第 II 卷的第 1—4 章，莱尔对拉马克以及整个进化概念进行了驳斥，认为物种是粒子，而非倾向或连续流动的任意片段。物种好比大自然袋子里的豆子。在第 4 章的结束语中，他写道："看来，物种在自然界中真实存在，并且每一个物种在其创造时

都被赋予了使其与众不同的属性和组织。"（Lyell, II, p.65）

在第 5—8 章关于地理分布的内容中，他声称物种往往出现在特定地点，但集中在起源地。同样，它们不是一般的倾向，而是特殊的东西——在特定时刻作为独特物品装进袋子里的豆子。莱尔写道："最初，只诞生了每种动植物的单一种群，同时新物种的个体不会突然在许多不同的地方同时出现。"（Lyell, II, p.80）

然后，第 9—10 章讨论了与当前环境完美契合的原则，以及每颗豆子都印有其独特的[1]签名："有生命造物和无生命造物的波动理应彼此完美和谐。"（Lyell, II, p.159）最后，第 11 章提到，新物种的引入弥补了旧物种的逐渐消失——豆袋保持动态平衡，总处于盈满状态，但成分一直在变化："一个某些动植物逐渐灭绝的同时不断引入新物种的假设。"（Lyell, III, p.30）

第 III 卷是穿越地质时代的一次旅行，即莱尔的方法论对于地球实际历史的应用。然而，第 III 卷的 26 章中有 19 章记录了第三纪，大多数其他章节也侧重讨论第三纪的问题。这本书附有一个 60 页的附录，完整再现了德萨耶斯绘制的整个第三纪软体动物持续时间的图表，以及每个地层中现存物种所占的百分

1　为了避免这种说法与莱尔关于鱼龙归来的幻想相矛盾，我注意到，他的措辞非常谨慎。被德拉贝赫讽刺的那个著名段落是说"那些动物的属可能会回来"，而不是说"那些物种可能会回来"，二者的区别极为关键，并非微不足道。在莱尔看来，属只是用于解剖学的随意命名，而物种则独一无二。大年回归的夏季可能会激发一种与侏罗纪鱼龙非常相似的生物起源，以至于分类学家会将其归为同一属。但回归的鱼龙将是一个新物种。它具有独特的性征，标志着它是一个独特的物种。

比。我们不难发现莱尔的主要兴趣，因为这不是按照时间或保存的地层比例分配空间的公正文本。

大多数一线地质学家都会说，是莱尔命名了第三纪的各个时期。他们知道这是一个奇怪的小事实，证明均变论的信奉者也做了一些野外工作。如果我们能理解这一成就与他对时间之环的看法之间密切且确实必要的联系，那么我们就能理解莱尔体系的力量。莱尔摆脱了赫顿非历史性观点的贫乏，表明时间缓态循环的观点可以作为地质学基本活动（即事件按时间的排序）的研究工具。莱尔的体系之所以有效，是因为我们栖息在一个历史世界中，对于每种现象，基于时间背景，都存在唯一的原始标准。查尔斯·莱尔是时间之环的历史学家。

莱尔世界观的部分揭秘

退出状态均变，或莱尔如何成为进化论者

随着时间的推移，山脉隆起又被侵蚀，正如地质学家的古老格言宣称的那样——"沧海桑田"。状态的均变可以很好地描述物理历史。然而，莱尔将时间之环延伸到生命史，对大多数同行来说似乎总是难以置信，尤其考虑到人类起源于时间山脉的顶峰。莱尔为生命史中的非进步主义提供了一个基本原理，但他的论点在理论和经验基础上都不充分。因此，莱尔在他职业生涯的末期终于放弃了对时间之环的坚定信念。他非常不情

愿地妥协并承认，生命史上的明显进步毕竟也是一种现实。

从 1830 年第一版《地质学原理》，到 1851 年他在作为伦敦地质学会会长的周年纪念演说中最后一次为非进步主义辩护，莱尔坚持了 20 多年。然而，20 年的探索并没有发现任何古生代哺乳动物，而他的旧论点——当我们对古生代的了解仅仅建立在有限地理范围的少数海洋沉积物之上时，我们没有权利期待任何哺乳动物——随着古生代地质学研究传播到东欧和北美，已越来越站不住脚。莱尔开始动摇，最终，在整个 19 世纪 50 年代的痛苦过程之后，他投降了。

虽然莱尔相信地质记录中没有人类遗骸或是人工制品，但他可以将智人视为上帝在最后一刻的补充。然而，随着从最新的地层中发掘出毋庸置疑的人工制品，莱尔已无法再否认人类起源只是自然的寻常过程中的一个事件。那么，他怎么能否认进步作为指导原则呢？因此，当 1862 年莱尔将他关于人类历史的材料整理成单独的一卷 [《论人类古代的地质证据》(*On the Geological Evidences of the Antiquity of Man*)] 时，他写道：生命史的进步"是一个不可或缺的假设……永远不会被推翻"。

至于《地质学原理》，莱尔于 1853 年出版了此书的第 9 版，最后一次为时间之环的严格版本辩护。然后，他花了 13 年对此书进行修订，比之前任何一次修订的时间都长，并最终在 1866 年推出了第 10 版，首次宣布他的妥协。我毫不怀疑，这段漫长的间隔记录了他日益增长的怀疑和困惑，以及他不愿在解决这个关键难题之前将自己的想法再度出版。第 11 版是莱尔一生中的最后一版，出版于 1872 年，仅对他 1866 年的关键性妥协做了微小修改。

最后一版的第 9 章仍在讨论同一主题——"有机生命渐进发展理论"。但这次莱尔持肯定态度。在他最后一段的总结中，莱尔最终成功解决了在长达 40 年的时间里支撑其论点的方法论和实质性均变的混淆状态，并承认一位科学家可以在坚持规律和过程均变的同时，接受生命史的进步论：

> 但他对自然规律持续不变性（规律均变）的信赖不必动摇，对地球系统从现在到过去的变化（过程均变）的推理亦不必动摇，无论在有机世界还是无机世界中均如此，前提是他不否认至少有机世界中进化和进步规律的可能性。（Lyell, I, p.171）

莱尔试图弱化其立场转变的意义，将它描述为证据带来的微小转变，并将他以前对进步论的否认描述为出于数据不足的简单怀疑，但我们几乎无法认同这种变化的最小化。因为，通过承认生命史上的进步，莱尔放弃了他自己的观点和所有衍生理论，包括他对统计古生物学的梦想。

> 总是在较新岩石中的较高级组织的某些纲、目和属连续出现的年代，经常出现错误记载。对年代时间错误的发现，使人们对该理论的合理性产生怀疑。在这些疑问中，

我沉迷于这部作品的前几版。但是，在对地球上最早生命
迹象的年代以及更高度组织的生物（无论动物还是植物）首
次登上舞台的年代进行了无数次修正之后，原始理论［进
步主义，而非状态均变］可以在某种形式上稍作修改并得
到支撑。（Lyell, I, p.145）

我相信莱尔的放弃和妥协通常会被视为退步，这是我们不
合时宜地将达尔文的自然选择理论强行应用于稍早的争论，将
其描述为进化论与神创论之间显著二元对立的一部分，因而导
致了这一不幸结果。这种解读认为，进化论激发了莱尔的重新
思考。一旦达尔文说服他接受进化论，他个人对演变与进步[1]的
联系便迫使他重新评估自己的理论。当然，莱尔是达尔文的重
要朋友和知己。他参与了一场"精心安排"，将华莱士对自然
选择的独立发现与达尔文早期未发表的手稿一起发表，从而肯
定了达尔文的优先权。查尔斯·达尔文在引导莱尔接受进化论
方面发挥了重要作用，这种逆转在 1866 年的《地质学原理》修
订版中亦有记载。

1　这本身就强调了一个奇怪的问题。任何逻辑必然性都不能从进化的事实中提
　　取出进步的含义。达尔文本人对进步的概念保持着非常模糊的态度，暂时接
　　受它作为化石记录的部分特征，但否认自然选择的理论，即关于适应当地环
　　境变化的说法需要有机进步。尽管如此，许多进化论者都一直认为进步和演
　　变的概念是必然联系在一起的，而莱尔，无论出于什么原因，当然也采用了
　　这种观点。因此，对他来说，接受进化论的决定也意味着进步是一个事实：
　　"进步理论，说明人类是从拟人化物种改进而来的，当我们接受拉马克的观
　　点时，它就是自然的。"（Wilson, 1970, p.59）

　　然而，一系列珍贵文件，包括莱尔在 1855—1861 年之间编写的七本关于物种问题的私人日志，于 1970 年由 L. G. 威尔逊（L. G. Wilson）首次出版，迫使我们将这一传统论点逆转为一种通常所说更有意义的人类心理学的新解释。

　　根据笔记记录，达尔文在 1856 年 4 月访问唐屋（Down）时，首次向莱尔提出他的理论。（当然，莱尔知道达尔文一直在研究"物种问题"，并且接受了进化论被普遍视为异端的事实，但达尔文之前并没有向莱尔透露过他的自然选择机制。）日记还显示，莱尔已经疑惑于生命史中非进步主义的关键观点。累积的证据都倾向于否定他的信念，特别是在较新的沉积岩中发掘的人类制品。在达尔文的启示之前，他已经得出了他职业生涯中最不情愿的结论：他可能不得不放弃他的中心观点之锚。

　　一个人面对这样的挫败，会怎么做？我的建议是，尝试减少损失并最小化撤退。进化学说为莱尔提供了这个最小化撤退的试金石。莱尔并不因达尔文说服了他，或者因为他发现自然选择理论太有说服力而接受进化说。他最终接受了演变说，因为一旦一系列证据迫使他不情愿地接受生命史中进步的事实，这种学说允许他保留均变的所有其他含义。

　　达尔文的自然选择是否给莱尔留下了深刻的印象，笔记中没有任何提示。根据私人笔记的记载，莱尔对演进变化的机制几乎完全不感兴趣。如果莱尔是因为达尔文的理论说服了他而动摇，这绝对是一种奇怪的态度。笔记记录了几段批评文字，因为莱尔从不接受自然选择，让达尔文很失望。我特别喜欢莱尔的印度教隐喻，它很好地表达了自然选择可能是不适应生物的刽子手但却不能创造适应生物的经典反对意见："如果我们以印度教的三相神举例，即创造者梵天、维护者毗湿奴和毁灭者湿婆，自然选择就是后二者的结合。但是，如果没有梵天的创造之力，我们无法想象其他神明的职能。"（Wilson, 1970, p.369）

相反，这些笔记以极其执着的重复记录，描述了莱尔对于生命史上关于进步的纠结，尤其是他极不愿意将人类起源置于自然的正常进程中的抗拒态度。然而，当最终被迫承认进步的事实并被迫将人类纳入生命的标准序列时，莱尔可以采取什么策略来解释他的退却呢？他只设想了两种选择：要么完全接受进步主义的信条，并承认无关紧要的进步规律，以及（最令人反感的）大规模灭绝之后以更高的复杂性重新创造生命的说法；要么他可以将同样的进步现象解释为进化的结果。一个关键的段落揭示出，莱尔的痛苦集中在进步的事实上。他认为进化论是对生命进步的一种更容易接受的解释，而不是质朴的老式进步主义：

　　彻头彻尾的进步主义者和拉马克之间几乎没有区别，因为在某种情况下，引入一些被称为神创的未知操作方式，并最终受渐进发展的规律支配，而另一种情况则是由时间的延伸或激增支配来代替所谓神创的未知过程。在这一理论中，一系列生物逐步改进，最终以人类作为其同一部分而结束，这是一个真正令人震惊的结论。这个理论一旦被

支持，注定会推翻和颠覆既定的神学教条和哲学幻想，如
同演变说一样。在对立的假设（进化论和进步主义）之间
能够选择的空间，似乎比通常人们想象的要少。（Wilson,
1970, pp.222-223）

我认为以上这段陈述（在日志中多次重复，几乎没有变化）
是莱尔立场转变的关键。他不愿意因为事实证明了进化论而接
受进化论。他很不情愿地承认，他发现在进化论和进步主义之
间，几乎没有可以选择的余地来解释改进的现象。那么，为什
么他更倾向进化论呢？

莱尔的回答在日志中似乎很明确：一旦生命的进步获得承
认，进化论就是从其他均变中做出最小让步能够达到的位置。
如果支持进步主义，那么速率均变也将受到威胁。因为大规模
灭绝长期以来一直是进步主义机制的基础。如果将一个本质上
神秘的神创过程作为起源的原因，那么即使是规律均变也可能
受到挑战（请记住，莱尔从来都不是神创论者，而是对新物种
的起源模式的不可知论者）。过程均变又如何呢？既然创造力的
运作时断时续，而且从未在我们的星球上被观察到，我们如何
通过现实主义程序来了解它？

但是，利用进化，莱尔可以强化他的自我防御，只放弃其
中一个均变。可以肯定的是，要放弃的是他钟爱的时间之环，
但舍卒保帅是不得已而为之。根据进化论，他可以坚持速率均
变。达尔文对这种严格形式的"大自然不会跳跃"的一致认同

态度也支持这一点。莱尔也可以继续接受规律均变，因为进化"具有引入已知的普遍规律的优势，而不是第一推动力的永久性干预"（Wilson, 1970, p.106）。他也可以继续坚持现实主义，因为达尔文坚持认为繁殖者和种植者造成的小规模变化，推而广之就是导致所有演进变化的原因。

简言之，当化石记录最终迫使他不情愿地接受生命史的进步时，莱尔为了保持他的其余三个均变而接受了进化论，从而尽可能多地保留他的均变论观点。尽管我将莱尔对进化论的拥护解释为他能够做出的最保守的思想选择，但它所引发的痛苦和烦恼仍然不少。以下这段精彩的文字，在世界的复杂性面前对人类的智慧和基本的诚实做出了热切的肯定：

> 物种是抽象，而不是现实，就像物种的属一般。个体是唯一的现实。大自然既不制造也不破坏模板。一切都是可塑的、不固定的、过渡的、进步的或退化的。只有一个伟大的资源可以信赖，即我们相信一切都是最好的，相信上帝，相信真理是最高的目标。如果它摧毁了一些偶像，那就最好让它们消失，相信宇宙智慧的统治者把这本伟大的书作为我们的恩赐，相信它的诠释是令人鼓舞的。（Wilson, 1970, p.121）

速率均变

由于莱尔最终放弃了生命史的时间之环，他最初构想的关键部分也最终束之高阁。现在，一线地质学家也很少意识到莱尔曾支持过状态均变。他们无法理解地质学奠基人的这一理论，原因是他们没有认出其中的主旨。

然而，渐进主义，或说速率均变，却经历了不同的命运。最大的不同之处在于，莱尔通过接受达尔文渐进主义版本的进化学说，加强了他对另外一个实质均变的支持。因此，速率均变持续到今天，并不是所有的地质学家都接受这一点，它仅仅被当作莱尔的构想。令人遗憾的是，莱尔原本将方法和实质合而为一的精巧之作，也以未经雕琢的形式流传下来。一个多世纪以来，许多地质学家囿于这样一种信念，认为正确的方法应该包含对渐进变化的先验承诺，并倾向于将大规模现象描述为无数微小变化的集合，他们研究的假设范围被错误地引导和限制。

莱尔试图以速率均变为基础进行研究实验，但以失败告终，他的第三纪分区统计方法由于专家对物种命名的标准不一致而无法进行（Rudwick, 1978）；特别是，他无法将他的方法扩展到第三纪之外以形成基于时间缓态循环的一般做法。如果速率均变真的可应用于物种的引入，即如果生命的豆大师以随机恒定的速率引入和移除这些基本单位，那么莱尔就应该可以将他的方法在永恒的尺度上进行扩展。然而，在始新世岩石中，几乎没有发现现代物种的痕迹（被规定为现代种类的3%），在更早的地层中也没有发现。然而，原则上，我们可以建立新的基准将莱尔的方法向前推导。例如，将始新世物种名单制成表格，然后根据仍生活在始新世的物种百分比划分中生代地层。

　　莱尔确实设想过这样一个流程。他鼓足勇气设计了一个困难且可能无法证实的案例，以此对他基于时间缓态循环的统计古生物学进行潜在验证。他注意到，所有以始新世时代（第三纪的第一个分期）仍生存的物种的百分比来确定第二纪地层年代的方案都面临无法实现的障碍。他研究了马斯特里赫特岩层（Maastricht beds），即第二纪地层的顶部单元，并指出它们不包含也存在于始新世地层的任何物种。但是，由于始新世的岩石直接位于马斯特里赫特岩层的上方，如此不一致的结果是怎样产生的呢？在莱尔的渐进主义世界中，这种不寻常的情形只能有一种解释，即一定存在一段比整个第三纪更长的非沉积期，将马斯特里赫特岩层和始新世岩层分开。在无据可考的这段时间里，豆大师的循环已经走过了一个完整的过程：

　　　　因此，在始新世和马斯特里赫特岩层的有机物遗迹之间，似乎存在着比始新世和近代地层之间更大的鸿沟，因为始新世组中有一些活着的贝类生物，而最新的第二纪群中没有始新世化石。化石遗骸间这种明显差异可能表明曾经存在更长的时间间隔，这并非不可能。……也许，我们以后可能会在马斯特里赫特地层和始新世地层之间（相比始新世和近代地层之间）发现一个差异相当甚至更大的地层序列。（Lyell, III, p.328）

这是时间缓态循环成立所需的一个大胆预测，但正如我们现在所知，这是错误的。反对莱尔的灾变论者长期以来一直主张一个合情合理的替代论点：马斯特里赫特地层和始新世地层之间没有巨大的时间间隔；相反，大规模灭绝的灾难性事件标志着第二纪的结束。动物区系之所以不一致，正是因为这种造成大量物种死亡的灾难，而非无据可考的巨大时间间隔。我们现在知道，灾变论者的说法是对的。我们今天所说的白垩纪—第三纪过渡发生了生命史上的五次重大物种灭绝之一。它让恐龙和它们的近亲，以及大约 50% 的海洋物种走向灭绝。

莱尔的渐进主义干扰了人们的判断，在众多似是而非的备选方案中，将假设引向一个方向。对于那些屈服于莱尔修辞手法的地质学家来说，它的限制作用尤其严重：他们认为渐进变化是先验的（甚至是必要的），因为均变的不同含义是方法的必要前提。在莱尔之后的地质史中，我们一次又一次注意到，灾变的合理假设被一种错误逻辑否定，这种逻辑在原则上被贴上了不科学的标签。因此，哈伦·布雷茨（Harlen Bretz）提出的由灾难性洪水形成华盛顿河道疤地（channeled scablands）的正确假设长期被均变论者否定，他们寻求更多的时间并调查许多较小的河流来佐证，但除了对灾变说的明确反感外并无其他理论基础。（在 1927 年布雷茨和美国地质调查局科学家的著名争论中，一些批评者承认他们从未去过该地区，但非常愿意提出渐进主义替代方案作为更可取的先验方法。详见 Baker and Nummedal, 1978；Gould, 1980）《纽约时报》在其社论中同样宣称，地外撞击是白垩纪—第三纪大灭绝的灾难性原因这一说法并无科学基础："地球事件，如火山活动、气候变化或海平面变化，或许是导致大规模灭绝的最直接原因。天文学家应该把在恒星中寻找地球事件原因的任务留给占星家。"（1985 年 4 月 2 日）

然而，基于小行星或彗星撞击的阿尔瓦雷斯假说（Alvarez hypothesis）是一个强有力且具有一定合理性的理论，它源于在白垩纪—第三纪时期全球范围铱层的出人意料的证据，而非从反对莱尔学说的纸上谈兵的理论发展而来。野外考察是必须的，先验的否定并不可取。有鉴于此，也作为莱尔的修辞混乱可能扼杀正当研究的最后一个案例，我想谈一谈莱尔对 17 世纪科学家威廉·惠斯顿（William Whiston）的严厉驳斥。惠斯顿甘冒天下之大不韪，将彗星而不仅仅是地球自身的因素认定为地质演变的原因之一。我注意到，现在很多人相信阿尔瓦雷斯假说，认为彗星是大灭绝的可能机制："他（惠斯顿）阻碍了真理的进步，使人们从对地球上的自然规律研究中分心，并诱导他们将时间浪费在猜测彗星如何具有将海水拖向陆地的力量——彗尾的蒸汽会凝结成水，以及其他同样具有教训意味的事情。"（Lyell, I, p.39）

大多数地质学家，特别是那些相信学生时代阅读过的教科书的学者，会认为莱尔是我们这个专业的现代实践创始人。我无意否认《地质学原理》是 19 世纪地质学中最重要、最有影响力，当然也是最精美的著作。然而，如果我们想了解莱尔这一具有支配性的构想对现代地质学的影响，我们必须承认，当前的观点是在莱尔和灾变论者的态度之间失之偏颇的折中。我们坚持莱尔的两种方法论均变的结合是正确科学实践的基础，也赞赏莱尔的巧妙而有力的辩驳，但规律均变和过程均变是莱尔和他的灾变论反对者的共同财产——我们当前对莱尔的认同并不标志着他单方面的胜利。

至于速率和状态的实质均变，我们复杂多样的世界对二者来说都是不确定的。莱尔本人为了生命史放弃了状态均变，而前寒武纪（我们地球前 5/6 的历史！）地层的现代研究主要方向是确定早期地球与现在的自然秩序有何不同，比如缺乏氧气的大气的沉积结果。伟大的地质学家保罗·克莱宁（Paul Krynine, 1956）曾将"均变论"（仅指状态均变）称为"一种危险的学说"，因为它导致我们否认或低估了这些早期差异。即使就速率均变而言，这个由莱尔提出的更强有力和更持久的论点，也普遍受到越来越多的攻击。例如，在生命史上，从物种起源（点断平衡）到整个动物区系的覆灭（大规模灭绝的灾难性假设），在各个层面都有人提出其他的间断变化方式。

莱尔凭借其智慧和构想的力量，当之无愧成为最伟大的地质学家。但我们的现代理解，无论是质朴的还是主流的理解，都不是他的理论，而是均变论和灾变论密不可分和不相上下的结合。莱尔赢得了修辞上的战争，将他的对手置于反科学的边缘之地，但我们不得不平衡他的二分法，因为时间之箭和时间之环都捕捉到了现实的重要方面。

结　语

大多数一线科学家是出了名的对历史不感兴趣。在许多领域，超过 10 年历史的期刊都会从图书馆书架上移除，降级为缩微胶片，放进没有暖气的阁楼，甚至扔进垃圾堆。

1972 年夏天，我在伍兹霍尔（Woods Hole）会见了三位当代优秀的年轻土耳其古生物学家和生态学家——戴夫·劳普（Dave Raup）、汤姆·肖普夫（Tom Schopf）和丹·辛伯洛夫（Dan Simberloff）。我们尝试寻找一种研究生命史的新方法，并且毫不谦虚地说，已经取得了一定程度的进展。我们想摆脱一种我们认为枯燥乏味的古生物学传统。这种传统的训练使人成为特定时间、特定地点、特定种类的专家，且似乎不支持所有以可验证的和定量术语表达的一般理论的发展。我们决定使用起源和灭绝的随机模型，将物种视为没有与其分类学地位或繁盛时期相关的特殊性质的粒子。随着我们的持续研究，我们意识到我们的模型在概念上与莱尔的第三纪年代方法有着惊人的相似之处。事实上，我们认识到他对时间缓态循环的看法已成为我们方案的基础。因此，四位想要改变世界的年轻科学家围坐一桌谈论起查尔斯·莱尔，持续了好几个小时。

我的同事埃德·卢里（Ed Lurie）是研究路易斯·阿加西的杰出学者，他曾告诉我，他多年来一直试图避开阿加西，并涉足 19 世纪美国生物学的其他领域。但他做不到，因为阿加西如此硕大无朋，影子无处不在。对美国生物学任何次级领域的探索，至少在一定程度上都是对阿加西影响领域的研究。

我对查尔斯·莱尔也深有同感。我没有刻意避开他，也不追求他的出现，但我还是逃不脱他。倘若说我认识到他的修辞产生了负面影响，那么我对不同表述方式的探索仍然包含了其构想的另一方面。因此，当埃尔德雷奇和我提出点断平衡理论时，我们首先试图消解莱尔的渐进主义偏见，以及他捍卫速率均变、反对真实证据的探究表象背后的方法。原因在于，作为基本陈述，点断平衡接受地质上突然出现和随后停滞的真实记录作为大多数物种的现实，而不是通过不完美的化石记录过滤后得到的真正渐进主义的表达。我们为打破了莱尔的构想施之于古生物学观念的枷锁而感到无比自豪。但是，从另一个角度来看，在应用于莱尔原初构想——有关物种作为离散粒子，在空间和时间的地质学时刻产生并保持不变直至灭绝——的进化论非渐进主义观点以外，什么是点断平衡？为了挽救他的均变，莱尔接受了进化论的渐进主义，从而破坏了这一构想，但我们又被迫回归他最初的构想。我们似乎不得不通过否定莱尔来找到莱尔。

我可以用言语告诉你们莱尔的构想的影响力和重要性，事实上我已经这么做了。但是任何科学家都会告诉你，实践效用是成功唯一有意义的标准。我深感查尔斯·莱尔如巨人一般高踞于我的职业生涯，我对他的敬意至高无上。

第五章

边　界

图 5.1　詹姆斯·汉普顿《万国千禧年大会第三重天宝座》整体构图，显示出其左右对称性。

汉普顿的宝座和伯内特的卷首插图

在戏剧《麦加之路》（*The Road to Mecca*）中，阿索尔·富加德（Athol Fugard）讲述了海伦·马丁斯（Helen Martins）的真实故事。海伦是一个年老的阿非利卡人（Afrikaner，荷兰裔南非人），丈夫是一个农民，已经去世了，她晚年独自住在新贝塞斯达（New Bethesda）的卡鲁村，这个村子常年与世隔绝。有一天，她突然受到神启，并开始在后院制作混凝土雕像，造型精美，金光闪闪。这些泛基督教主题的纪念碑具有宗教性，但又不是典型的基督教式，它们标志着通往她自己的麦加之路。马吕斯·比列夫德（Marius Byleveld）是当地的牧师，他暗恋海伦，但迫于社区规定，他要把海伦送到养老院。他这样做更多是出于善意，并且他真的担心海伦的精神状况，而不是出于反抗荷兰归正会。在一个冲突场景中，海伦对峙马吕斯：凭什么说我疯了？疯子跟现实是脱节的，但为了制作我心爱的雕像，我必须学会混合水泥，我还要在咖啡磨具中磨啤酒罐，来得到一些闪光的碎片。

詹姆斯·汉普顿（James Hampton, 1909—1964）来自南卡罗来纳州埃洛里镇，是个黑人，在华盛顿特区一些公共建筑里做夜班门卫。从 1931 年开始，上帝和他的天使经常现于汉普顿身边，指示他制作宝座室，以迎接基督的二次降临。1950 年，在一个治安状况日益恶化的街区，汉普顿租了一个没有暖气、光线也不好的车库，他告诉房东，他正在"制作一件东西"，他的公寓房间容纳不下。就在那个地方，汉普顿日夜不辍地创作，直到 1964 年去世，一件伟大的美国民间雕塑作品终于问世——《万国千禧年大会第三重天宝座》(*The Throne of the Third Heaven of the Nations' Millennium General Assembly*)，并在华盛顿特区的美国国家美术馆展出。

汉普顿通常会在凌晨下班后，去车库忙五六个小时。不要让任何人怀着恶意去揣测詹姆斯·汉普顿或海伦·马丁斯的动机。他们的发愿给人们带来了欢乐和意义，而这些人可能被社会认为毫不起眼或穷途末路。

汉普顿的宝座包含 177 个独立的部件（见图 5.1），放置在一个高于地面的平台上，作品围绕中线呈现对称结构（图 5.2），据推测是迎接基督二次降临的宝座。汉普顿的作品取材于废旧物品的碎片，展现了他非凡的创造力和惊人的耐心。作品中较大的部件大多改造于旧家具。中央宝座是一把扶手椅，上面放有褪色的红布垫子；两个半圆形的献金桌是由一张锯成两半的大圆桌做成的。（汉普顿车库附近一个二手家具区的商人回忆说，汉普顿经常去看他们的商品，然后开一辆童车运走他看中的宝贝。）宝座的其他部分则没有这么坚实的基础，一些是由多层隔热板建造的，另一些是由支撑成卷地毯的空心纸筒构成的。

汉普顿在这些结构上编织、包裹、钉钉子或贴上他的闪光装饰品。他在街区附近到处搜寻金箔和铝箔——商店的陈列区、香烟盒里、厨房卷纸中；他甚至付钱给附近的流浪汉，买他们酒瓶上的贴纸，并随身带着一个袋子来装他在街上发现的闪光碎片，哪怕只有一点点儿。他还收集了灯泡、吸墨纸、塑料板、绝缘板和牛皮纸。显然，这些东西都是从他工作的政府大楼的垃圾箱里淘到的。

汉普顿用这些材料制作精美的装饰品。作品的装饰物大都采用灯泡金属架和果冻罐上的箔材，他也使用牛皮纸和纸板制作翅膀和星星（也用箔材衬里或覆盖其上），并用揉皱的箔球（或用箔材包裹的报纸）制作成排的旋钮。他还在几张桌子的边缘衬上了用金箔缠覆的电线。

我在华盛顿第一次见到汉普顿的宝座时，便对这巧妙的结构大为叹服，而更让我震惊的是他清晰而复杂的整体概念。最为突出的就是其贯彻到底的对称性。作品的每个独立部分都围绕中线左右对称（图 5.2 和 5.3），就像人体结构一样（而不是"沿多个轴线对称"，见 Hartigan, 1976）。这种左右对称也贯穿于整个设计中，因为所有的单件作品（共 177 件）都围绕基督宝座的中线呈现完美的左右对称性（图 5.1）。基督宝座右侧的每一部件都与左侧的相应部件一致，这种对称精细到复杂的细节，如纸板做的星星或铝箔覆盖的灯泡。

我第一次看到汉普顿的宝座时，已经在构思这本书，但不知该如何继续。至少对我来说，时间之箭和时间之环的隐喻打开了与我专业相关的三部伟大但常被误读的著作的中心含义。我理解到伯内特在其精妙的卷首插图（前文图 2.1）中混合那些隐喻的张力和决心。在一场枯燥会议的短暂茶歇时，我闲逛到博物馆前厅，那里陈列着汉普顿的宝座。闪光吸引我走了过去。

　　本书在接下来的十分钟里成形了，这是一位学者生命中最神奇的时刻。我看着汉普顿的宝座，从中看到了伯内特的卷首插图。这两个结构在概念上是相同的：它们在时间的历史之箭和时间的内在循环之间呈现出同样的冲突和解决方案。它们不仅在总体的目的上相似，在复杂的细节上也是一样的。

　　伯内特对普遍历史的展示堪称气势恢宏，其中，基督站在一圈星球之上，以《启示录》中著名的一段（用希腊语）宣告他的无所不在："我是阿拉法，我是俄梅戛。"在汉普顿的设计中，基督的宝座位于顶部和中心，汉普顿用同样的引语展示他的宏伟蓝图（图5.4），在他的黑板上，画着他的整个概念的草图，顶部中心写道："我是阿拉法，我是俄梅戛；我是初，我是终。"

　　伯内特的地球历史之箭始于基督的左侧，指向底部我们现在的地球，而基督的右侧则按事件发生顺序展示了我们的未来。相应地，汉普顿的作品在基督宝座的左边记录了《旧约》、摩西、诫律，在右边记录了《新约》、耶稣、恩典。两块圆形面板高耸于基督宝座顶部的两侧，代表着每一面所处的时代：左边是公元前，右边是公元后（图5.5）。在汉普顿车库的左墙上有一排牌匾，上面刻有先知的名字，而在右边相对的一排，则刻有使徒的名字。

　　伯内特和汉普顿的作品都展示了历史之箭（按照恰当的末世论的顺序，左边是不好的旧历史或者邪恶，而右边是光明的未来，充满神性），它们也都宣告上帝荣光是无所不在的。其中，基督不仅直接宣示了他在两边的永在，而且（最重要的是），历史的循环遵循着一种精心的设计，左边的每件旧事都精确地、系统地对应着右边新事的重演。[1]在伯内特的卷首插图中，我们注意到左边是原始混沌中的元素整合后的完美世界，右边同样位置是未来普遍之火的元素下降后世界再次变得完美，或说左边是被挪亚洪水摧毁的地球，右边是被大火吞噬的地球。

　　在汉普顿的宝座中，左边（公元前）的每一部件都与右边（公元后）相同位置的相应结构一致，每个复杂细节都有着相同的对称，但却传达着不同的信息。两边的结构是成对的组合，以使《旧约》颁布的法律和诫命与《新约》宣讲的救赎和恩典相统一。这里仅举一个例子作为说明，如图 5.6 所示，左边的一张桌子上有以下牌匾铭文（此处引用汉普顿的排列和拼写）：

　　　　我就是我
　　　　摩西

1　当我第一次在华盛顿看到汉普顿的宝座时，此顺序在陈列中被颠倒了，《旧约》的作品在基督宝座的右侧，《新约》的作品在左侧。一开始我没觉得有问题，因为我猜像汉普顿这样没受过教育的人可能不知道末世论的惯例。然后我停了下来：我为什么要做出这样的假设？我是谁？一个在会议休息时间闲逛的犹太古生物学家，妄自认为对基督教传统的认知超凡。于是我写信给馆长，问他们是否颠倒了这些作品。他们将此陈列顺序与汉普顿的作品在车库照片中的顺序进行了比较，并回信说我是对的。汉普顿按照传统的顺序摆放他的作品，将《旧约》的作品放在基督宝座的左侧。陈列室的作品现在已恢复到其原始顺序。我这样说并不是为了扬扬得意（我想我有点儿，部分地），但这件事确实说明了时间之环的力量，一个只知道伯内特著作卷首插图的自然主义者，却能依据一个贯穿几世纪的抽象主题，从中发现这种错位。

图 5.2（图左） 基督宝座，汉普顿作品的中心部件。

图 5.3（图右） 来自汉普顿宝座中线的另一件作品。请注意单独考量的每件作品都具有左右对称性。

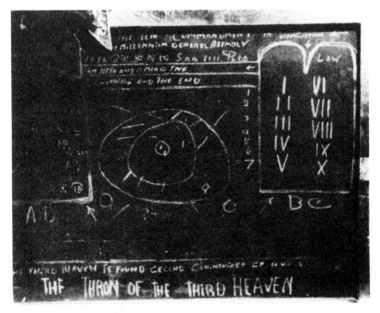

图 5.4 汉普顿的黑板，显示了他对整个构图的计划。请注意它与伯内特的卷首插图几乎一样。基督站在每幅画的顶端，宣讲《启示录》中的同一句话。历史是一个圆，以中心的基督为起点和终点。

图 5.5　标有公元前和公元后的牌匾，对称地放在汉普顿宝座的中线上，以说明时间之箭的方向。

图 5.6　汉普顿宝座左右两侧的对称结构。它们的铭文（见正文）中显示了时间循环的重复性。

上帝说明了

这些话所有的含义

我是耶和华，你们的神

是我带你们

重返应许之地

摩西

诫律

右侧相应的牌匾上则写道：

圣詹姆斯

十诫的

二次记录

由圣詹姆斯记录

圣詹姆斯

于千禧年

　　时间之箭和时间之环的主题不仅启发了一位伟大的 17 世纪学者、英国国王的私人告解神父，还有当代华盛顿特区一位贫苦的非裔看门人，并且其方式在本质上如此相似。这样看来，时间之箭和时间之环相结合的力量是强大而普遍的，将其视为统一的主题是有必要的，因此我们才会对我们的历史和前人留给我们的遗产有更全面的理解和认识。

时间之箭和时间之环的更深层主题

多年来，我一直在大学入门课程中讲授时间之箭和时间之环的主题。学生们会认为教授用简单几句话就能回答古往今来最深刻的问题，他们通常带着大一新生那种迷人的天真，问道：那么，哪个是对的呢？我总是回答说，唯一可能的答案是"两者都是对的，两者又都不对"。

我们经常试图将纷繁复杂的世界塞入人类理性所能把握的范围，将具有真正概念复杂性的多维空间压缩成一条线，然后在线的两端标记两极对立的名称，这样，所有的丰富性都简化为单一维度，以及假设的对立面之间的对比。所有这些二分法都是错误的（或不完整的），因为它们只能捕获真实多样性的一小部分，但其中一部分可能比另一部分更好（或至少更有效），因为其特定对比的有限轴可能表达更基本、更广泛的含义，或者更符合真实争论者的关注（关于二分法的更全面讨论，见第1章）。

我的结论是，深时的发现是地质学已经或可能为人类思想做出贡献的最大转变，如果我们必须一分为二的话，那么时间之箭与时间之环是理解深时背后主要问题的最有成效的对比。我得出这一结论有如下原因。我认为，从17世纪末到19世纪中叶，那些常年思考时间和历史意义的主要行动者一直把这种二分法放在他们思想的最前沿；因此，虽然箭与环的对比可能被严格地简化为任何单一的对比，但这至少是他们的二分法。

对我来说，这种对比变成了一把钥匙，解锁了好几部伟大历史文献的结构和含义，我以前读过它们好几次，但从未作为统一表述来理解和把握。但我也认为箭与环的对比是一个特别"好"的二分法，因为它的每一端都抓住了人类理解复杂历史现象绝对需要的一个深刻原则，而其他受欢迎的二分法，如进化与神创，就不可能这样富有成效，因为它们的两端并不平衡，至少在某些经典问题（例如生命史）的意义上，它们认为一端是完全错误的，所以我们在智识上对它们兴味索然，但它们可能还会有政治影响力。进化蚕食了神创（严格意义的版本：地球上的所有生物都是从年轻的地球上"从无到有的"），但如果我们希望掌握历史的意义，箭与环是相互依赖的关系，是"永恒的隐喻"。

时间之箭以一种让许多人感到失望或者认为不够具有启发意义的解释风格表达了其深刻性："只是历史"是解释各种现象的基础（不是自然法则，也不是某种永恒内在性的原则）。时间之箭的本质在于历史的不可逆性，以及一系列事件中的每一件都具有不可重复的唯一性，通过时间，这些事件现野外联系在一起，从祖先猿到现代人，从古代海洋盆地的沉积物到后来大陆的岩石。任何整体的抽象部分都可能记录自然法则的可预测（和可重复）操作，但整个结构的细节在某种意义上"只是历史"，因为它们不会再次出现，而另一组先决条件可能会产生不同的结果。

今天，我们可能认为这样的说法显而易见、不值一提，但

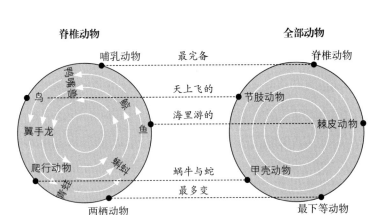

图 5.7　斯文森僵化的数字分类系统，对于一个偶然历史世界中的生物体安排来说是不可想象的。

当历史扩展其领域时，或者当我们将历史理解为偶然的复杂性，而不是预先规划的和谐场景时，这种说法往往能推动重大概念的转变。例如，之前流行的许多前达尔文主义分类学方案就植根于数字命理学（numerology）——将所有生物分成五轮，轮子的所有辐条之间精确对应。因此，"脊椎动物轮"上的鱼类与"全部动物轮"上的棘皮动物相对应，因为它们只生活在海洋中；或者"脊椎动物轮"上的哺乳动物与包含所有脊椎动物的"全部动物轮"相对应，因为两者都在各自系统的顶端。威廉·斯文森（William Swainson）和其他 19 世纪早期"五分论者"（quinarians）（图 5.7）提出的这一方案可能适用于一个非历史性的世界，在这个世界中，生物像周期表上的化学元素，记录着永恒的自然法则，而不是谱系之间复杂的偶然性。达尔文一举推翻了这种命理学的基本原理。他指出毁灭天使（exterminating angel）是历史，而不是进化本身。有些进化理论可能允许这种有序的简单性，但达尔文的真正历史系统不允许这种简单性，因为自然选择追随气候和地理变化那复杂而不可预测的向量变化，而且变动来源具有很大的随机性。今天我们可能会嘲笑斯文森，但他的体系既不愚蠢也并非没道理（并且在他那个时代很受欢迎）。在一个非历史性的世界里，五分论主义是可以理解的，但我们现在知道，分类学的顺序是"只是历史"的产物——杂乱无章的生命谱系不可能死板地划分成五圈。

类似地，斯泰诺和伯内特提出的有序和可预测的地质史在一个年轻的地球上是可以理解的，这个地球上有个无处不在的造物主，悉心看护人类，处处都是他思想和谐的体现；如果换成在偶然的"只是历史"路径上运行了数十亿年的古老行星上，则不可理解。板块构造的规律可能简单而不受时间影响，但当我们顺着时间追溯陆地的真实形状时，它们产生了复杂而独特的结果。

由时间之箭衍生的"只是历史"以独特的烙印标记着每一个时刻。但在我们理解历史的过程中，我们不能仅仅满足于用一个标记来识别每一时刻，以及用一个指南来按时间顺序排列事件。历史的本质是其独特性，但我们也渴望能得出一些潜在的普遍性，一些超越时刻区分的秩序原则，以免我们被博尔赫斯那本永无止境的书中每 2 000 页就有一幅新画面的想象逼疯。简言之，我们还需要时间之环的内在性。

时间之环的隐喻捕捉到了自然的一些方面：要么稳定，要么按简单重复（或振荡）的序列循环，因为它们是自然永恒法则的直接产物，而不是复杂历史路径的偶然时刻。空间的几何学规定了不同大小的球体如何以规则重复的方式填充一个体积，而矿物中分子顺序的分类法代表了这些可能性的纲要。在林奈（Linnaeus）的时代，许多科学家希望对所有自然物体进行统一的分类，并依据生物体的二项命名法则命名矿物这一"物种"。这一努力由于被错误的统一观念误导而被放弃。有机体遵循偶然历史的时间之箭法则，矿物则遵循内在几何逻辑的时间之环。有机命名法的二分系统能解释历史多样性和系谱学联系的现实，但矿物的顺序是以不同的方式建立的，无法通过这样一个系统很好地表达，该系统被设计成在连续分支的拓扑结构上对项目进行分类，而没有后续的合并。

但是，矿物的顺序如果与反映相同几何定律的其他系统对比的话，是有意义的，尽管它们的对象大为不同。几年前，参加一个国际会议的矿物学家参观了格拉纳达的阿尔罕布拉宫（Alhambra of Granada）。这是展示伊斯兰教精湛地运用几何规律进行装饰的入门建筑。我的一位同事高兴地注意到，阿尔罕布拉宫瓷砖设计的对称图案中包括矿物学家在地球岩石中发现的每一种二维排列。

时间之环的这种相似性告诉我们一些关于自然结构的深刻道理，因为离子和瓷砖的一致性并非"只是历史"的产物。有机谱系的复杂相似性是共同祖先的消极保存，是历史路径的偶然性而非内在规律性的记录。（我用与蝙蝠用来飞翔、猫用来奔跑、海豹用来游泳的相同骨骼打字，是因为我们都从共同的祖先那里继承了我们的手指，而不是因为自然法则独立地塑造了这些骨骼，并进行了必要的排列。）瓷砖和矿物图案的复杂相似性记录了在自然秩序的内在规则下，积极、独立地发展到相同结果的过程。

当我们试图揭示自然界的复杂性时，这两种相似性——通过系谱联系，即时间之箭，以及通过对相同内在规律的不同反映，即时间之环，结合在了一起。时间之环的观点使赫顿和莱尔能够把握深时，但在化石记录中的时间之箭为每一时刻建立独特标准之前，我们无法在如此巨大的范围内标记单元。水成论者未能解开地层学的谜团，因为他们错误地认为岩石具有时间上的独特性。但岩石是简单的物体，其相似性表明它们是在反复出现的条件下形成的，而不是时间之箭。适当的古生物学标准，基于我们现在知道的演进变化的偶然路径，使我们能够用时间之箭来标记时间之环母体所确立的东西。

进化论生物学家早就认识到，作为我们专业的基本操作，时间之箭和时间之环的相似性之间有着恰当的区别。我们用不同的名字命名它们：同源性（homology），是被动保留共同祖先沿系谱时间之箭的特征；类比性（analogy），则是在不同的系谱中类似形式的主动进化，因为在时间的长河中，生物体面对常见问题，只能在内在的功能原则指定的有限范围内找到解决方案。鸟类、蝙蝠和翼手龙的翅膀是类比而非同源的，尽管它们在空气动力学设计上非常相似；因为它们任何两个的共同祖先都没有翅膀，飞行是在三个不同的系谱中独立进化的。人类、黑猩猩和狒狒的手臂骨骼在数量和排列上的复杂相似并不表明这是自然法则强加于各自的产物，而只是从一个共同祖先简单地遗传下来。

因此，所有的分类学家都会告诉你，他们首先必须在同源的相似性中把类比分离出来，抛弃类比性，而把分类仅仅建立在同源的基础上——因为分类法记录了继承遗传的路径。但所有功能主义形态学家都会将同源性视为同一实验的简单重复，并转而寻找类比性，让我们了解当不同谱系演化出类似功能的结构时多样性的局限。

同源之箭和类比之环并不是相互冲突的概念，一定要在有机体中争夺上风。它们在张力中相互作用，以建立每个生物的独特性和相似性。它们相互交织，相互维持，因为时间之环的规律塑造了不断变化的历史基质。无情的历史之箭向我们保证，即使最有力的类比也会违背独特性的迹象，并占据分类法和时间的合适位置。鱼龙（图5.8）是陆生爬行动物的后代，但返回海洋生活，它们进化出了与鱼类最不可思议的相似之处，甚至在没有已知前体的情况下，就进化出了具有适当水动力位置的背鳍，以及有两个对称裂片的尾鳍，这符合最佳的游泳原则。但鱼龙也同时保留了其爬行动物祖先的特质。背鳍不像鱼类那样有骨支撑；脊柱弯曲到尾巴的下叶，而不是上叶，或到中叶就停止弯曲；支撑鳍状肢的是指骨，而不是鳍。换言之，精妙设计的内在和可预测的特征是因为保留了时间之箭的印记。"鱼性"是精妙设计的永恒原则，鱼龙是在特定时间和地点的一种特殊爬行动物。两种世界观，永恒的隐喻，在每一个有机体中都在争夺认可，根据研究者的目的和兴趣得到特别关注：同源和类比；历史和最优；转化和内在。

那么，我们如何判断每个物体内时间之箭和时间之环的相互作用呢？我可以指出两种错误的方法：我们不能为了排斥一种方法而寻求另一种方法（比如，在莱尔扩展赫顿的观点使之成为时间之环历史学家之前，赫顿曾否认历史），但我们也不应该支持一种模糊的多元主义，这种多元主义将端元（end-members）融合到一个不明确的中间体，并失去每一种观点的本质——历史的独特性和规律的内在性。毕竟，箭与环是我们发明的范畴，是为了清晰地理解事物而设计的。箭与环并没有融为一体，而是在紧张和富有成效的互动中共存。

1829年，撒丁岛上来自暹罗的连体女孩丽塔-克里斯蒂娜（Ritta-Christina）（图5.9）去世。当时的专家就她是一个人还是两个人这个不容忽视的问题做了旷日持久的辩论，但毫无结果。这一问题无法解决，因为这些专家寻求的答案根本就不存在。他们的分类是错误的，或说是有限的。一体性（oneness）和二重性（twoness）之间的界限是人类强加的，而不是大自然的分类法。丽塔由一个未能完全分裂的单卵形成，出生时就有两个头和两个大脑，但只有一个下半身；在整体上是一个，在部分上是两个，不是混合，不是一个半，而是一个体现了一体性和

图 5.8　时间的同源之箭和时间的类比之环结合到一起，产生了这只鱼龙。背鳍和尾鳍与鱼类的类似结构趋向（精确得不可思议），但在这个陆生爬行动物的后代中却是独立进化的。然而，爬行动物起源的迹象（同源性）在整个骨架上都很明显，特别是在鳍内的指骨上。

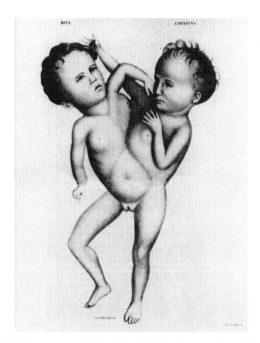

图 5.9　丽塔-克里斯蒂娜，撒丁岛的连体婴儿，既不是两个人也不是一个人，而是居于这个连续体的一个未定义的中间位置。

双重性的基本定义的对象，这取决于所提的问题或假设的视角。

同样的张力和多重性也贯穿于我们西方的时间观。在我们的传统中，对于可理解性本身来说，既需要历史独特性之箭，也需要永恒内在性之环。我们在伯内特的卷首插图、莱尔确定第三纪年代的方法，以及汉普顿的宝座中都看到这种张力。我们发现它以图画的形式刻在欧洲任意　所中世纪教堂的图像中，在那里，进步的历史之箭从黑暗北方的《旧约》传说，到阳光充足的南方，那里万物复苏、欣欣向荣。然而，我们也看到了时间之箭中的循环。像伯内特的地球和汉普顿的对称性这样的对应组合告诉我们，基督生命中的每一个事件都是《旧约》历史循环中一个事件的重复。简言之，我们看到了伯内特对滚动车轮的决心。历史重现的每一刻都是相似的，这反映了永恒原则，而历史重现的各个时刻又是不同的，因为时间的车轮向前移动。

在 12 世纪坎特伯雷大教堂的彩色玻璃中（图 5.10），罗得的妻子变成了一根盐柱，她的白色与火焰中的索多玛（Sodom）和蛾摩拉（Gomorrah）的闪亮颜色形成鲜明对比。在第二个循环的相应面板中，天使在梦中来到智者面前，告诉他们直接去自己的国家，而不要回到希律王身边。共同的信息是：不要回头。

在诺里奇大教堂的天花板上（图 5.11），挪亚和动物乘方舟躲过洪水，而约翰在第二个时间之环用救世之水给耶稣洗礼。

在 16 世纪剑桥国王学院教堂的彩绘玻璃中（图 5.12），约拿被大鱼吐了出来，代表基督从坟墓中复活，因为他们都面临死亡的黑暗，并在第三天复活。

但在所有艺术作品中，最能展示时间之箭和时间之环的必要互动以得出全面历史观的，是沙特尔教堂的大南窗（图5.13）。第二个时间之环结束时，福音书的作者、《新约》的抄写员，在这里被描绘成小矮人，坐在第一个时间之环的伟大先知（包括以赛亚、耶利米、以西结和但以理）肩膀上。要想看得更远，正如牛顿所说，我们必须站在巨人的肩膀上，这个隐喻可以追溯到四个世纪前的这些窗户。（Merton, 1965）

如果我们走出沙特尔大教堂，并研究门廊上的雕像（图5.14），我们会在一幅图上发现这本书的缩影。伯内特的历史已经走到尽头，基督在地球上的千年统治已经结束。义人已得到永恒的奖赏。但他们并没有进一步走向独特性。他们反而上升到起点，安息在族长亚伯拉罕的怀抱里。詹姆斯·汉普顿会理解的，因为他的构想已经包含了时间的两个隐喻，而这也震撼着我的灵魂……

图 5.10　坎特伯雷的时间之环。罗得妻子的故事在天使对东方三博士的建议中重复：不要回到希律王身边。

图 5.11　诺里奇大教堂的天花板。在方舟中的挪亚与耶稣的洗礼相对应。

图 5.12 剑桥大学国王学院的彩绘和染色玻璃窗。约拿从大鱼的肚子里出来，与基督从坟墓里复活相对应。

图 5.13　从沙特尔大教堂的大南窗望去。时间之箭和时间之环相连，《新约》中的福音书作者被描绘成坐在《旧约》先知肩膀上的小矮人。

图 5.14 来自沙特尔大教堂。在时间的尽头，义人上升到他们的起点，停留在亚伯拉罕的怀抱中。

参考文献

Aristotle. 1960 ed. *Organon (Posterior Analytics).* Trans. H. Fredennick. Loeb Classical Library, no. 39. Cambridge, Mass.: Harvard University Press.

Baker, V. R., and D. Nummedal. 1978. *The Channeled Scabland.* Washington, D.C.: National Aeronautics and Space Administration, Planetary Geology Program.

Borges, J. L. 1977. *The Book of Sand.* Trans. N. T. di Giovanni. New York: Dutton.

Bradley, S. J. 1928. *The Earth and Its History.* Boston: Ginn & Company.

Buckland, F. 1857, 1874 ed. *Curiosities of Natural History.* London: Richard Bentley and Son.

Buckland, W. 1836, 1841 ed. *Geology and Mineralogy Considered with Reference to Natural Theology.* Philadelphia: Lea & Blanchard.

Burnet, T. 1680—1689. *Telluris theoria sacra.* London.

——1691. *Sacred Theory of the Earth.* London: R. Norton.

——1965. *The Sacred Theory of the Earth.* With an introduction by B.Willey. Carbondale: Southern Illinois University Press.

Butterfield, H. 1931. *The Whig Interpretation of History.* London: G. Bell.

Chorley, R. J., A. J. Dunn, and R. P. Beckinsale. 1964. *The History of the Study of Landforms.* Vol. 1: *Geomorphology before Davis.* London: Methuen.

CRM Books. 1973. *Geology Today.* Del Mar, Calif.

Darwin, C. 1859. *On the Origin of Species by Means of Natural Selection.* London: John Murray.

Davies, G. L. 1969. *The Earth in Decay: A History of British Geomorphology 1578—1878.* New York: American Elsevier.

D'Orbigny, A. 1849—1852. *Cours él'ementaire de paléontologie et dé géologiestrati-graphique.* Paris.

Eiseley, L. 1959. *Charles Lyell.* Scientific American Reprint. San Francisco: W. H. Freeman.

Eldredge, N., and S. J. Gould. 1972. Punctuated equilibria: An alternative to phyletic gradualism. In Schopf, T. J. M., ed., *Models in Paleobiology,* pp. 82–115. San Francisco: Freeman, Cooper & Co.

Eliade, M., 1954. *The Myth of the Eternal Return.* Princeton: Princeton University Press.

Fenton, C. L., and M. A. Fenton. 1952. *Giants of Geology.* Garden City, N.Y.: Double-day.

Geikie, A. 1905. *The Founders of Geology.* New York: Macmillan.

Gilluly, J., A. C. Waters, and A. O. Woodford. 1959. *Principles of Geology.* 2nd ed. 1968. San Francisco: W. H. Freeman.

Goodman, N. 1967. Uniformity and simplicity. *Geological Society of America Special Papers* 89: 93–99.

Gould, S. J. 1965. Is uniformitarianism necessary? *American Journal of Science* 263: 223–228.

——1970. Private thoughts of Lyell on progression and evolution. *Science* 169: 663–664.

——1979. Agassiz's marginalia in Lyell's Principles, or the perils of uniformity and the ambiguity of heroes. In W. Coleman and C. Limoges, eds., *Studies in the History of Biology,* pp. 119–138. Baltimore: The Johns Hopkins University Press. Festschrift dedicated to Ernst Mayr on his 75th birthday.

——1980. *The Panda's Thumb.* New York: W. W. Norton.

——1982. The importance of trifles (essay for the 100th anniversary of the death of Charles Darwin). *Natural History 91,* no. 4 (April).

——1983. *Hen's Teeth and Horse's Toes.* New York: W. W. Norton.

——1985. *The Flamingo's Smile.* New York: W. W. Norton.

——1986a. Evolution and the triumph of homology, or why history matters. *American Scientist* 74: 60–69.

——1986b. Archetype and ancestor. *Natural History* 95, no. 10 (October).

Greene, J. C. 1961. *The Death of Adam.* New York: Mentor Books.

Hartigan, L. R. 1977. The Throne of the Third Heaven of the Nations Millennium General Assembly. Montgomery, Ala.: Montgomery Museum of Fine Arts.

Hobbs, W. H. 1916. Foreword: The science of the Prodromus of Nicolaus Steno. In J.
G. Winter, trans., The Prodromus of Nicolaus Steno's Dissertation, pp. 169–174.
University of Michigan Studies, Humanistic Series, vol. 11. New York: Macmillan.

Hooykaas, R. 1963. *The Principle of Uniformity in Geology, Biology, and Theology.*
Leiden: E. J. Brill.

Hutton, J. 1788. *Theory of the Earth. Transactions of the Royal Society of Edinburgh* l:
209–305.

——1795. *Theory of the Earth with Proofs and Illustrations.* Edinburgh: William
Creech.

Krynine, P. D. 1956. Uniformitarianism is a dangerous doctrine. *Journal of Paleontology* 30: 1003–1004.

Leet, L. D., and S. Judson. 1971. *Physical Geology.* 4th ed. Englewood Cliffs, N.J.:
Prentice-Hall.

Longwell, C. R., R. Foster Flint, and J. E. Sanders. 1969. *Physical Geology.* New
York: John Wiley.

Lyell, C. 1830—1833. *Principles of Geology, Being an Attempt to Explain the Former
Changes of the Earth's Surface by Reference to Causes Now in Operation.* London: John Murray.

——1851. Anniversary address of the President. *Quarterly Journal of the Geological
Society of London (Proceedings of the Geological Society)* 7: xxv–lxxvi.

——1862. *On the Geological Evidences of the Antiquity of Man.* London.

——1872. *Principles of Geology or the Modern Changes of the Earth and Its Inhabitants Considered as Illustrative of Geology,* 11th ed., 2 vols. New York: D. Appleton.

Lyell, K. M. 1881. *Life, Letters and Journals of Sir Charles Lyell.* 2 vols. London:
John Murray.

Marvin, U. 1973. *Continental Drift.* Washington, D.C.: Smithsonian Institution Press.

Mayr, E. 1963. *Animal Species and Evolution.* Cambridge, Mass.: Harvard University
Press.

McPhee, J. 1980. *Basin and Range.* New York: Farrar, Straus, and Giroux.

Merton, R. K. 1965. *On the Shoulders of Giants.* New York: Harcourt, Brace and
World.

Mill, J. S. 1881. *A System of Logic.* 8th ed. Book 3, chap. 3, Of the ground of induction. London.

Morris, R. 1984. *Time's Arrows*. New York: Simon and Schuster.

Peirce, C. S., 1932. *Collected Papers*. Vol. 2: *Elements of Logic*. Ed. C. Hartshorne and P. Weiss. Cambridge, Mass.: Harvard University Press.

Playfair, J. 1802. *Illustrations of the Huttonian Theory of the Earth*. Edinburgh: William Creech.

——1805. Biographical account of the late Dr. James Hutton. In V. A. Eyles and G. W. White, eds., *James Hutton's System of the Earth...* , pp. 143–203. New York: Hafner Press, 1973.

Porter, R. 1976. Charles Lyell and the principles of the history of geology. *British Journal for the History of Science* 9: 91–103.

Price, G. M. 1923. *The New Geology*. 2nd ed. Mountain View, Calif.: Pacific Press.

Rensberger, B. 1986. *How the World Works*. New York: William Morrow.

Rossi, P. 1984. *The Dark Abyss of Time*. Chicago: University of Chicago Press.

Rudwick, M. J. S. 1972. *The Meaning of Fossils*. London: Macdonald.

——1975. Caricature as a source for the history of science: De la Beche's anti-Lyellian sketches of 1831. *Isis* 66: 534–560.

——1976. The emergence of a visual language for geological science, 1760—1840. *History of Science* 14: 149–195.

——1978. Charles Lyell's dream of a statistical palaeontology. *Palaeontology* 21: 225–244.

——1985. *The Great Devonian Controversy*. Chicago: University of Chicago Press.

Schweber, S. S. 1977. The origin of the *Origin* revisited. *Journal of the History of Biology* 10: 229–316.

Seyfert, C. K., and L. A. Sirkin. 1973. *Earth History and Plate Tectonics*. New York: Harper and Row.

Spencer, E. W. 1965. *Geology / A Survey of Earth Science*. New York: Thomas Y. Crowell.

Steno, N. 1669. *De solido intra solidum naturaliter contento dissertationis prodromus*. Florence.

——1916. *The Prodromus of Nicolaus Steno's Dissertation*. Trans. J. G. Winter. University of Michigan Studies, Humanistic Series, vol. 11. New York: Macmillan.

Stokes, W. L. 1973. *Essentials of Earth History*. Englewood Cliffs, N. J.: Prentice-Hall.

Turnbull, H. W., ed. 1960. *The Correspondence of Isaac Newton*. Vol. 2: *1676—1687*, Cambridge: Cambridge University Press.

Whewell, W. (published anonymously). 1832. *Principles of Geology... by Charles Ly-ell, Esq., F.R.S., Professor of Geology in Kings College London.* Vol. 2. London. *Quarterly Review* 47: 103–132.

White, A. D. 1896. *A History of the Warfare of Science with Theology in Christendom.* 2 vols. New York: D. Appleton.

Wilson, L. G., ed. 1970. *Sir Charles Lyell's Scientific Journals on the Species Question.* New Haven: Yale University Press.

Winter, J. G. 1916. Introduction. In *The Prodromus of Nicolaus Steno's Dissertation,* trans. J. G. Winter, pp. 175–203. *University of Michigan Studies, Humanistic Series,* vol. 11. New York: Macmillan.

Woodward, H. B. 1911. *History of Geology.* London.